AI繁荣

[美]拉维·巴普纳　[美]艾宁德亚·高斯 著
（Ravi Bapna）（Anindya Ghose）

程静思 译

THRIVE

Maximizing Well-Being in the Age of AI

中信出版集团 | 北京

图书在版编目（CIP）数据

AI繁荣 / (美) 拉维·巴普纳, (美) 艾宁德亚·高斯著; 程静思译. -- 北京 : 中信出版社, 2025. 6.
ISBN 978-7-5217-7619-5

Ⅰ. TP18

中国国家版本馆 CIP 数据核字第 2025PA7300 号

AI繁荣
著者：　[美] 拉维·巴普纳　[美] 艾宁德亚·高斯
译者：　程静思
出版发行：中信出版集团股份有限公司
（北京市朝阳区东三环北路 27 号嘉铭中心　邮编　100020）
承印者：　北京通州皇家印刷厂

开本：880mm×1230mm　1/32　　印张：9.5　　字数：164 千字
版次：2025 年 6 月第 1 版　　印次：2025 年 6 月第 1 次印刷
京权图字：01-2025-1903　　书号：ISBN 978-7-5217-7619-5
定价：69.00 元

服务热线：400-600-8099
投稿邮箱：author@citicpub.com

献给我们的父母和生命中的女性

（索菲亚、德普蒂、梅赫克和阿南雅）

AI繁荣

THRIVE

目录

推荐序

在当今数字化时代，AI（人工智能）正以前所未有的速度和广度改变着我们的世界。作为技术的先锋，AI不仅被用作科学家的实验工具，而且开始广泛渗透到日常生活中，重塑着我们的工作、教育、社交、健康乃至情感体验。然而，在享受科技带来的便利与创新时，许多人也心存忧虑：在AI时代，是否会有一部分人被时代浪潮抛下？我们的社会结构、工作模式将如何被这股汹涌浪潮改变？我们的福祉究竟会因此提升，还是面临新的挑战？

拉维·巴普纳与艾宁德亚·高斯两位教授合著的《AI繁荣》，正是一本回应这些疑问的深刻著作。这两位来自世界一流学府的学者，不仅在书中阐述了AI如何改变人类的生活，还深入探讨了在这个变革的时代，如何通过巧妙运用AI提升人类福祉。在本书即将出版之际，我向广大读者推荐此书——它不仅对学术界从业者和科技爱好者意义深远，对普通读者也极具现实价值。

本书围绕“福祉最大化”这一核心主题，探讨如何在 AI 时代确保每个人的福祉不被忽视，甚至实现前所未有的提升。作者通过科学严谨的研究和大量生动的案例，揭示了 AI 如何从各个层面影响我们的生活——从促进健康、优化教育、改善工作体验，到构建更加和谐的社会关系。两位作者运用跨学科视角，融合计算机科学、经济学、社会学等多领域知识，深入剖析了 AI 技术如何通过化解日常生活难题、解决全球面临的诸多社会问题，最终提升人类的整体福祉。

在技术高速发展的浪潮下，很多人对未来充满了焦虑和不确定感。作者明确指出，AI 并不是一场灾难，而是一次重大的机遇。通过善用 AI，我们不仅可以推动社会发展、促进经济增长，还能够有效解决诸如健康不平等之类的问题。这本书打破了“技术进步 = 人类福祉威胁”的传统观念，展现了一种新的可能性——技术能够成为人类福祉最大化的有力工具。

书中引入“AI 之屋”（House of AI）这一概念，并借此提出一个全面系统的框架，帮助读者理解 AI 如何在多个层面改善人类生活。该框架不仅涵盖 AI 的基本分析工具，如数据挖掘、预测算法等，还包含生成式 AI、机器学习等前沿技术应用。在作者看来，AI 并非冷冰冰的技术工具，它可以在教育、医疗、金融等领域落地实践，帮助普通人实现更加便捷、高效和有意义的生活。

借助“AI 之屋”框架，作者不仅阐明了 AI 如何在物质层面创造价值，也强调了它在情感和精神层面产生的深远影响。在人类历史进程中，许多社会问题的根源往往与情感缺失或精神层面的匮乏密切相关。而 AI 作为强大的信息工具，不仅可以通过优化医疗和教育资源来提升人类的健康水平，还能通过情感智能和人际交互的设计，改善人与人之间的沟通和关系，进而增进社会整体的和谐。

随着 AI 逐渐深入各行各业，其所带来的伦理问题也日益凸显。如何防止 AI 滥用？如何避免其对社会弱势群体产生负面影响？这本书深入探讨了这些问题，对 AI 伦理展开了重要思考。两位作者并未局限于技术层面的讨论，而是着眼于构建公平、透明且负责任的 AI 系统，确保技术进步惠及每一个人，尤其是那些在传统社会结构中常被忽视的群体。

书中指出，在科技快速发展的浪潮下，如何确保 AI 的发展不偏离人类的价值观与道德框架，是我们面临的重大挑战。作者呼吁政府、企业和社会各界共同努力，构建一套系统的

AI 伦理标准，并将其应用于技术创新的各个环节。只有通过这种方式，我们才能避免“技术鸿沟”加剧社会不平等，确保 AI 发展能够真正推动全人类福祉的提升。

《AI 繁荣》不仅是一本探讨 AI 技术的著作，更是一部指引人们在 AI 时代生存与发展的指南。作者借由多个案例，阐述了如何理解和适应快速变化的世界，帮助我们建立起面向未来的思维模式。无论是普通读者，还是技术从业者，都能从书中获得宝贵的思考与启发。

在这本书中，AI 不再是遥不可及的科技梦，而是一个切实可行的工具，它已深度渗透到我们生活的方方面面。随着 AI 技术的不断进步，我们每个人都可以借助这一工具提升自己的生活质量，实现个人成长与社会价值的最大化。而这本书的最大价值在于，教会我们如何在 AI 时代找准自身定位，如何利用技术实现自我超越，如何在这个挑战和机遇并存的时代蓬勃发展。

总之，《AI 繁荣》是一本充满智慧与洞见的著作。它不仅深入浅出地阐释了 AI 技术的复杂性，还提供了具体可行的方案，帮助我们在这个技术飞速发展的时代，过上更加美好和充实的生活。无论你是关心科技发展的行业专家，还是普通读者，书中的思想和见解都会为你带来深刻的启示。我相信，这本书将成为我们应对 AI 时代的必读之作，激励我们在未来不断探索、成长，充分享受技术进步所带来的福祉。

此书中文版的出版，将使更多读者领略这一思想的精华，启发读者积极思考和应对 AI 带来的挑战与机遇。在 AI 时代，我们每个人都应该保持积极向上的态度，并通过智慧与行动，让 AI 成为我们迈向更加美好生活的强大助力。

刘典

复旦大学中国研究院副研究员

清华大学人工智能国际治理研究院战略与宏观研究项目主任

前言

在 AI 日益成为创新基石的当下，拉维·巴普纳与艾宁德亚·高斯合著的这本书，堪称帮助读者深刻理解 AI 对社会各界所产生深远影响的奠基之作。AI 作为一项通用技术，具有显著提升生产效率、应对全球紧迫挑战的潜力。但因其自身的复杂性、无形性，以及关于其能力与风险的诸多误解，AI 又与电力、计算机等早期通用技术有着明显的区别。这本书如同一盏明灯，以通俗易懂的语言揭开了 AI 的神秘面纱，引领读者全方位洞悉 AI 的真实潜力与潜在风险。

拉维与艾宁德亚凭借数十年的学术积淀和行业实践经验，深入浅出地为读者揭开 AI 的奥秘。他们生动地描绘了 AI 在教育、职场、人际关系等多个维度所发挥的变革性作用，不仅让 AI 变得触手可及，也为个体赋能，从而使其能够建设性地参与其中。书中借助丰富真实的案例，呼吁社会各界利用 AI 的力量造福社会，鼓励世界各国的人发挥主体作用，引领 AI 的发展方向，共同推动人类福祉的提升。

在此，我诚挚地向广大读者推荐这本书，无论是满怀好奇心的普通读者、政策制定者，还是企业管理者，都将从中受益。对于任何一位致力推动理性对话、制定有效政策、化解因利益而产生分歧的读者来说，这本书都是必读之作。书中提出的“AI 之屋”框架，如同一座在迷雾中指引方向的灯塔，引领读者穿越 AI 技术错综复杂的迷宫。书中内容不仅能够启迪思维，还可以提供切实可行的指导，帮助我们善用 AI，充分挖掘人类潜能，促进社会平等。

南丹 · 尼勒卡尼

印孚瑟斯（Infosys）联合创始人兼董事长

印度身份证管理局 Aadhaar 项目创始主席

2024 年 3 月于班加罗尔

01

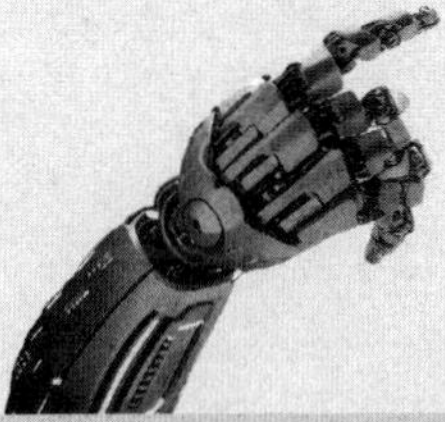

“AI 之屋”框架

T H R I V E

2018 年 3 月 17 日，《纽约时报》等众多主流媒体报道称，特朗普的顾问团队“涉嫌滥用数百万用户的数据”。[1] 报道披露，他们构建了一种特殊的模型（本质上是一种独特的 AI 算法，后文将详细阐述），来预测选民的心理特征，比如外向程度、轻信倾向、神经质表现，以及对军事主义的兴趣等。这些预测结果被用于定制宣传策略，开展大众心理说服工作，最终对 2016 年美国总统大选的结果产生了影响。

2019 年 12 月 19 日，《纽约时报》开展了一项名为“隐私工程”的调查，针对我们所处的这个高度发达的 AI 社会，提出了一系列发人深省的质疑；同时也警示消费者：“一旦你了解数据库的全貌，或许就再也无法像以前那样毫无顾虑地使用手机了。”[2]

2021 年 7 月 30 日，弗兰克 · 帕斯夸尔和詹克劳迪奥 · 马尔杰里一针见血地指出："如果你仍对 AI 心存疑虑，此乃明智之举。"[3] 他们以特斯拉自动驾驶汽车碰撞事故为例，并警示说，即便在机器学习助力检测癌症等看似完全有益的领域，也应当关注算法是否涵盖了各类患者群体的数据，是否具备足够的代表性。

2023 年 9 月 20 日，生成式 AI 已能稳定通过图灵测试，在多种场景下表现出与人类相当的智能水平，被誉为下一代通用技术。它有望像 IT（信息技术）和自动化生产一样，通过替代部分工业劳动和增强人类能力来重塑产业格局，变革白领知识工作。最新研究表明，生成式 AI 有助于提升高端管理咨询行业的生产力水平。与未使用生成式 AI 的对照组相比，实验组的任务完成量提高了 12.2%，工作质量提升了 40%。[4] 此外，微软首席执行官萨提亚·纳德拉高调推出 Copilot（AI 辅助工具），宣称它将像搜索引擎、Word（文字处理软件）、Excel（表格软件）、PowerPoint（演示文稿制作软件）和 Windows 操作系统一样，成为人们日常工作生活中必备的应用程序。

作为个体，我们每天都会被铺天盖地的 AI 新闻、头条和报道淹没。这些信息来源广泛，包括科技公司（其最终目的往往是向你兜售技术方案）、正遭受科技公司冲击的媒体，以及那些一夜之间涌现的“专家”。他们的观点在悲观和乐观两个极端之间来回摇摆，时而悲观地预测 AI 将取代所有工作岗位，时而又鼓吹新技术革命将能解决一切重大难题。

那么，AI 和数字生态系统真的注定会通过榨取利益，加剧社会贫困吗？AI 是否会固化人类既有偏见，甚至如某些人担忧的那样，被武器化进而反噬人类？当硅谷高管聘请同行设计算法时，这是否会让原本就缺乏代表性的少数族裔的处境越发艰难？[5]

或者，我们是否应将 AI 视作与电力、计算技术比肩的通用技术，并将其看作驱动第四次工业革命的强大动力呢？本书认为，AI 不仅是通用技术，更是新型社会级操作系统，能够带来深远的积极影响。当前，围绕 AI 的负面叙事失之偏颇，公共领域的讨论往往以偏概全。这种失衡的舆论态势赋予了科技巨头过大的权力，使其影响着立法进程，主导着政治辩论，还巩固了利己主义的意识形态。[6] 实际上，真正的问题在于近年来某些机构和部分学者对 AI 与大型科技公司的片面解读。如果你想沉浸在 AI 的反乌托邦叙事中，如今已经形成了一条专门迎合此类需求的“产业链”。你可以阅读《算法霸权：数学杀伤性武器的威胁》《压迫算法：搜索引擎如何强化种族主义》等书籍，观看《银翼杀手》《黑客帝国》等电影，抑或收听 CYBER 播客节目《顾问》[7]，其中描绘的 AI 助手能够以优雅得体的方式引导甚至说服老年人走向死亡。

需要明确的是，我们无意否认 AI 可能带来的不平等、歧视和偏见等问题，目前已有大量书籍和文章对此进行了深入探讨。相反，我们想要强调的是，公众缺乏对 AI 正面影响的讨论。为何我们不能将 AI 视为实现共同繁荣、助力普通人圆梦的科技呢？为何我们对 AI 的积极潜能避而不谈呢？事实上，围绕这一问题，两位图灵奖得主、被公认为“AI 教父”的杰弗里·辛顿和杨立昆曾展开一场备受瞩目的公开辩论。[8] 辛顿对 AI 的未来表达了深刻的担忧，认为其可能引发灾难性后果，甚至为自己的研究感到后悔；[9] 而杨立昆则对 AI 在商业和社会领域的广泛应用充满热情。[10] 作为 AI 的乐观主义者，我们认为，每位公民和有责任心的利益相关者，都有责任为 AI 设计“防护栏”，确保这项技术真正造福人类。我们撰写本书的初衷，便是希望帮助读者直观地理解 AI，并赋予读者相应的自主权，让他们了解 AI 的本质、运作机制，以及它如何在日常生活中发挥作用，从而使读者能够积极参与塑造 AI，让其为自身和社会创造价值。我们也希望，本书能够激励新生代投身 AI 相关领域，并利用这项强大的技术来解决全球性重大难题，比如应对气候变化、研发新疗法、消除贫困与文盲，以及推动全球朝着更加繁荣与公平的方向发展。

探索 AI 世界的第一步，便是区分事实与炒作。以剑桥分析公司的丑闻为例，2018 年 3 月，该事件经媒体曝光后，短短不到两周，《自然》杂志的撰稿人便提出质疑，认为剑桥分析公司饱受争议的营销手法，其背后的科学依据过于薄弱。[11] 在随后的两个月内，美国东海岸三所顶尖高校的学者，也对剑桥分析公司丑闻中的所谓核心机制，即大众心理说服策略的有效性和真实性提出了质疑。[12] 同样，塔夫茨大学的政治学副教授埃坦 · 赫什，在 2018 年 5 月 16 日美国参议院司法委员会的听证会上表示，没有任何证据表明剑桥分析公司能利用脸书（Facebook，现更名为 Meta）的数据，在 2016 年美国总统大选中切实影响选民的投票行为。他指出："我们都深知竞选活动中说服选民的难度之大，因此我们认为，剑桥分析公司难以通过脸书点赞来预测选民的个性特征，并根据预测结果来实现精准广告投放。直至今日，依然没有公开证据能够证明，该公司的用户画像或广告投放策略确实有效。"[13] 然而，事情并未就此画上句号。本书作者之一艾宁德亚曾作为关键专家证人，在美国华盛顿哥伦比亚特区诉脸书公司一案中出庭做证，该案件备受全美关注。2023 年 6 月，华盛顿哥伦比亚特区高等法院法官莫里斯 ·A. 罗斯支持艾宁德亚的观点，批准了脸书的即决判决动议，裁定脸书胜诉。裁决书中写道，“脸书明确、反复地向用户披露其政策，因此，从法律层面而言，任何理性用户都不可能被误导”，而且平台“提供了大量隐私设置工具，引导用户保护数据……已经竭尽全力提升其隐私设置的透明度”。在此事件中，美国司法体系展现出了区分事实与炒作的智慧。[14]

然而，一位在德国科堡癫痫发作的女性，为何没能引发媒体的广泛关注？当时，她拨打了 112（类似于美国的 911 紧急求救电话），却只能发出痛苦的呻吟。幸运的是，她手机的安卓 ELS（紧急定位服务）系统迅速将其位置信息发送给了调度员。紧急救援人员及时赶到，成功将她从生死边缘拉回。[15] 然而，这一事件仅被安卓官方用于宣传其 ELS 系统，其他媒体却鲜有报道。

再比如，在新冠疫情最严峻的时期，智能手机的精准定位追踪技术，协助各国政府开展接触者追踪与社交距离分析，这一举措可能挽救了数百万条生命。[16] 令人欣慰的是，这一案例得到了部分科学和学术刊物的关注。

那么，还有其他关于 AI 的正面叙事吗？据美国联邦通信委员会（FCC）估算，提高定位精确度能够使紧急响应时间缩短整整 1 分钟，仅在美国，每年就可能多挽救 10 120 条生命。[17]

最新款苹果手表能在用户骑行、徒步、登山、跑步时，或是在 100 华氏度 ① 高温下打网球时突然晕倒的情况下，自动启动紧急呼叫服务。（本书后文将剖析这项技术如何通过加速度计、陀螺仪数据，结合机器学习来实现这些服务。）2022 年夏天，欧洲遭遇了现代史上最严重的热浪，如果当时有这项技术，就能在危急时刻救助众多虚脱的户外运动爱好者。

当对 AI 执行某些关键任务（比如通过放射影像检测癌症）心存疑虑时，我们应该思考 AI 模型结果出现偏差的根本原因。如果与白人群体相比，模型更容易漏诊黑人群体的癌症，那么究其根源，是社会未能为这些群体提供平等的医疗服务。换言之，技术无罪，这是人类社会的问题。事实上，在没有 AI 介入的传统医学领域，人类放射科医生同样对少数族裔女性乳腺癌存在更高的漏诊率，这是因为医生的培训数据主要来源于白人患者的影像资料。[18] 另有研究发现，当黑人新生儿由黑人医生照料时，存活率是由白人医生照料时的两倍，因为黑人医生更熟悉这些新生儿的生理特征。[19] 我们身处的社会本就复杂且不公平，与其将所有的问题归咎于 AI 算法偏见，不如先自我反思。正如本书后文将探讨的，以及我们在研究生课

① 100 华氏度约等于 37.8 摄氏度。——编者注

程中教授的理念，在设计算法时，我们其实可以创造“良性偏见”，以此缓解社会矛盾，改善人类生活。

那么，AI 的前景究竟是光明还是暗淡？你是否觉得自己难以回答这个看似简单的问题？其实，有这种困惑的不止你一人。与电力、基础计算技术等推动早期工业革命的通用技术不同，AI 更为复杂、内涵丰富，对普通人而言，其更加抽象且难以理解。但不用担心，本书的核心目标就是让 AI 变得通俗易懂，帮助你理解它在日常生活方方面面的运作原理。我们相信，有了更深层次的认知，你将具备独立判断的能力。

坦率地说，作为学者，我们无意与任何企业在广告收入上一争高下。我们既不是网红、评论员，也不是那些自诩为“大师”的冒牌货。作为研究人员，我们不追求粉丝数量，也不贪图点击量。然而，现实很残酷，贩卖焦虑与负面情绪不仅能吸引眼球，还能带来巨大的商业利益。因此，一些“专家”通过 AI 和技术的负面叙事来牟取私利，对 AI 的积极面视而不见。当然，任何技术都伴随着一定的风险，哪怕是基础技术也不例外。（比如，没人会把烤面包机放进浴缸；酒后驾驶也从来不是否定汽车价值的合理理由。）我们的目标是以基于数据和研究的方式让你了解 AI 的运作原理。这既是学者的专业使命，也是我们的立身之本。

在此阶段，给 AI 下定义至关重要。对本书而言，我们的关注重点不在于严格意义上的强 AI（也称通用人工智能，即 AGI），也就是机器完全复刻人类行为。我们主要讨论弱 AI（Weak AI），并延伸至生成式 AI 的应用领域。这类 AI 主要借助机器学习技术来完成两类任务：一类是人类因专业知识不足或资源匮乏难以完成的任务，比如在撒哈拉以南的非洲地区，心脏病专家极度稀缺，此时利用深度学习技术能够实时解读心电图（ECG），从而诊断心脏病；另一类则是机器更擅长处理的复杂计算，比如 OkCupid 等在线约会平台，能够通过数百个维度筛选候选人并预测出某位特定对象是否可能成为理想的约会伴侣——这个推荐可能改变一个人的人生轨迹，毕竟选择伴侣是人生中最重要的决定之一。此外，我们还将探讨更广义的 AI，如 GPT-4 等大语言模型（LLMs）。这类 AI 虽然可以解决更广泛的问题，但在准确性方面略有不足。

我们身兼数职。我们既是教育工作者、研究者，又是诉讼专家证人、技术经济学家和数据科学家，同时还为风险投资基金、众多初创企业及全球知名公司提供咨询服务。截至目前，我们已帮助全球数百家企业开展先进数据分析、AI 和机器学习项目。在过去的 20 年里，我们深耕于 AI 的实际应用领域，不仅对 AI 如何赋能企业有着独到的见解，还关注其对普通人的日常生活乃至整个社会的影响。

市面上不乏探讨企业如何利用 AI 获得竞争优势的书籍，但本书的重点不在于此。相反，我们将揭开 AI 的神秘面纱，生动展现当前由 AI 驱动的数字平台、应用程序和“量化自我”设备所构成的生态系统，如何从根本上提升全球普通人在情感、健康和物质生活方面的福祉。这将是本书要讲述的内容。

机器学习驱动的 AI

对于大多数人而言，AI 的核心价值在于机器学习。在机器学习这一 AI 分支中，存在描述性分析、预测性分析、因果性分析和规范性分析这四大基础支柱，为不同应用场景提供底层支撑，比如在线约会、现代健康管理应用、电影推荐，以及为求职者搭建职业网络等。过去 20 年中，我们在为全球企业提供咨询时，发现一个普遍存在的认知误区：人们常常认为机器学习仅与预测有关，而不涉及因果推断或解释性分析，更无须深入探究变化背后的因果机制。但这是错误的观点。实际上，因果性分析是 AI 的重要组成部分。我们将在本书的后续章节中深入探讨。

为了使读者更直观地理解机器学习及其应用，我们以虚构人物贾斯米娜的故事为例。贾斯米娜是一位 33 岁的单身母亲，居住在凤凰城，在一家金融科技公司担任业务开发专员。她性格开朗，擅长交际，享受独立自由的生活。然而，和许多朋友、同事一样，她常常感到时间不够用。接下来，让我们走近贾斯米娜一周的生活片段。

机器学习的类型与因果性分析

贾斯米娜近期的工作表现十分出色，几乎将凤凰城地区的企业都发展成了公司 B2B（企业对企业）金融科技平台的用户。上司为了奖励她，将得克萨斯州作为新增业务拓展区域交给她负责。此时正值感恩节前一周，她需要避开周一的早高峰，搭乘从丹佛飞往达拉斯的航班。贾斯米娜与她儿子的父亲（前夫）关系融洽，这周由她前夫负责照看孩子。贾斯米娜在安全抵达达拉斯后，连续参加了 3 场客户会议，随后在酒店的派乐腾动感单车上骑行了 30 分钟。距离晚餐还有 1 小时，她打算前往盖乐瑞购物中心与高中挚友艾莉莎会面。单车运动带来的内啡肽让她感到十分愉悦，她不禁回忆起一个月前，与有些书呆子气却很迷人的同事亚历克斯（虚构的数据工程师）一起徒步的浪漫周末。这份温暖而美好的情绪让她一时冲动，想给近期关系有些紧张的弟弟买一件始祖鸟的高端夹克。可当她结账时，收银员却不耐烦地告诉她其信用卡被拒付，这瞬间破坏了她的好心情。

为什么她的信用卡会被拒付呢？她的消费金额远未达到信用卡限额。原来，银行正在通过一种广泛应用的无监督机器学习算法——异常检测技术（anomaly detection）——来保障她的账户安全。银行注意到，虽然贾斯米娜的消费记录中确实有不少 1 000 美元以上的交易，且她经常购买女装，但以往她从未买过价值 1 000 美元的男士登山夹克，更没有在达拉斯的消费记录。正是大额消费、购买男士服装，以及首次在达拉斯购物这三个因素，共同触发了银行的警报系统。银行的 AI 系统（异常检测技术）会实时分析贾斯米娜以及其他成千上万名客户的每一笔交易，并根据这些交易与“邻近”交易的差异程度，生成异常评分。一旦检测到显著异常，系统就会立刻向银行发出警报，这正是贾斯米娜所遇到的情况，她的信用卡交易因此被拒付。

那么，银行是如何判断某笔交易与其他交易存在显著差异的呢？为了解决这个问题，贾斯米娜的银行运用了机器学习中的一个非常重要的概念——多维相似性（multidimensional similarity）。要理解这一概念，我们需要回忆一下中学时期的数学知识。别担心，这是本书中唯一会涉及的数学内容。还记得勾股定理吗？无论你是否记得，我们都先通过另一个案例来理解其原理，然后再回到信用卡被拒付的故事。

贾斯米娜有时会在她最喜欢的两个在线约会平台 OkCupid 和 Bumble 上浏览男士的资料。她虽然觉得亚历克斯很有魅力，但偶尔也想扩大自己的择偶范围。在线约会平台的核心任务就是向用户推荐约会对象，这与奈飞推荐电影、Goodreads 推荐书籍，或者亚马逊和谷歌推荐各种商品的道理是一样的。为了简化问题，假设某个约会平台为贾斯米娜推荐了 3 位约会对象（见图 1.1）。平台基于收入、身高与吸引力这 3 个维度的信息评估 3 位约会对象（实际平台上的维度数量远多于此，这里仅做简化演示）。这与银行案例中使用的数据维度（商品类别、交易金额、消费地点）异曲同工。

约会平台如果遵循“物以类聚”的传统逻辑，则可以通过数学方法计算贾斯米娜与 3 位约会对象之间的距离，然后推荐距离最近、最相似的约会人选。在这个案例中，约会对象 1 最符合推荐条件。当然，正如前文所述，真实的约会平台（如同真实的银行系统）绝不会仅依赖 3 个维度，而可能涉及 30 个、

300个，甚至3 000个维度。例如，每位约会对象在个人简介中提到的每个词汇、标记的每个位置，甚至照片中的每个像素，都可能成为计算相似度的维度。所幸的是，计算三维空间中距离的初中数学知识，同样适用于30 000个维度的情况。[20]

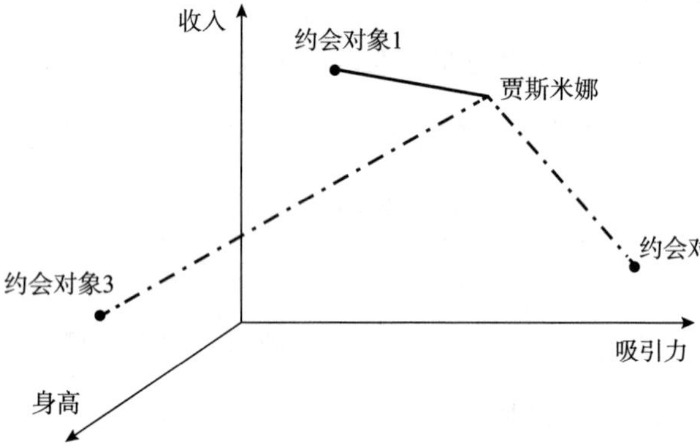

图1.1　贾斯米娜与约会对象三维模型

注：相比于约会对象2和约会对象3，贾斯米娜与约会对象1更“接近”和“相似”。

当我们理解了超空间中两点之间相似度和距离的概念后，这些概念就能在机器学习中发挥较大作用，或者说极具实用价值。（请允许我们稍微“秀”一下专业知识，来介绍超空间的概念。超空间超越了轻松可视化的二维坐标系或三维空间。在这个例子中，超空间可以理解为图1.1三维模型的30维扩展版本。）以贾斯米娜购买夹克的场景为例，我们同样可以用三维模型进行可视化呈现（见图 1.2）。

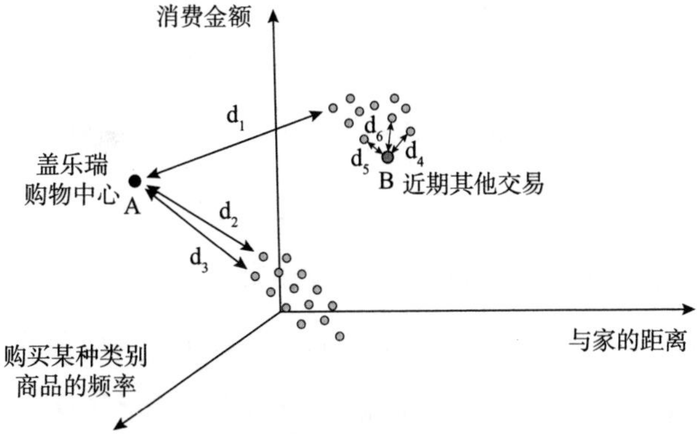

图 1.2　贾斯米娜购买夹克三维模型

注：灰色点代表贾斯米娜过去的交易记录，A 点代表她在盖乐瑞购物中心尝试进行的新交易。从图中可以看出，相较于 B 点，A 点距离最近的三个交易点更远。

显然，她计划购买的这件夹克所对应的交易数据（A 点），与它邻近的三个数据点相距甚远。相比之下，另一笔交易（B 点）看起来与贾斯米娜近期的其他交易无明显差异。正因如此，A 点触发了算法警报系统，而 B 点则没有。在机器学习算法中，如果交易数据之间相似，算法就会忽略这笔交易；但如果差异显著，交易就可能会被拒绝，正如贾斯米娜之前遇到的情况。

这就是无监督机器学习算法[21]保障日常交易安全的原理，其背后的核心机制竟然源自古希腊数学家毕达哥拉斯的距离公式。感谢毕达哥拉斯！

贾斯米娜在达拉斯与她的高中挚友艾莉莎共享晚餐，这顿饭平淡无奇，但中间出现了一段小插曲。贾斯米娜忍不住点了得州有名的烟熏牛腩，但曾经无肉不欢的艾莉莎却成了坚定的素食主义者。原因在于艾莉莎最近做了基因检测，检测结果结合其他健康指标综合分析后，预测她未来患某种癌症的风险较高，而她的医生认为这种癌症与食用动物脂肪密切相关。

这种对未来疾病的“预测”，将我们引入了监督机器学习（supervised machine learning）的领域。

与之前提到的银行通过无监督机器学习来检测异常交易而触发风险警报不同，预测未来疾病的发生是有明确目标的。换言之，机器从数据中“学习”的过程受到严格监督，并由其特定目标（基于当前人口统计学特征、基因数据及相关医学指标预测未来疾病）引导。而在银行检测异常交易的案例中，银行并没有类似特定的目标，仅仅是在数据中寻找异常模式。

监督机器学习的预测应用已经渗透到各个领域。例如，利用特定的输入数据，比如艾莉莎疾病预测中涉及的各项健康指标，来预测像罹患癌症等重大疾病的可能性。银行等金融机构也会利用此类模型来评估贷款申请者未来的违约风险。这些模型会综合考虑多项输入数据，包括申请人提供的信用评分、负债收入比、邮政编码（可关联该区域的人口普查数据），以及其他大量公开可用的个人数据。模型的输出结果则是根据贷款申请时的已知信息，预测申请人未来违约的可能性。如果违约的概率超过设定的阈值（比如 30%），银行就可能拒绝贷款申请。本书后续章节将探讨此类模型可能对特定群体产生的系统性偏见，比如居住在历史上曾遭受“红线”排斥社区的有色人种。由于长期以来的制度性不公平，这些群体往往负债较高，导致模型的评估结果有失公平。

那么，银行如何计算贷款申请的违约概率呢？答案仍与毕达哥拉斯的理论有关——通过计算超空间中数据点的距离差异。此处我们再次借助熟悉的三维可视化模型进行呈现。

在过去的 5 年里，银行发放了数千笔贷款，其中只有一小部分发生了违约。一种简单直接评估违约风险的方法[22]是，根据申请人在贷款申请表中填写的准确信息，从银行的历史贷款记录中筛选出 10 个与该申请人最相似的申请人。假设这 10 个人中只有 1 个人违约，银行就会判定该申请者的违约概率为 1/10（即 10%），属于低风险范畴，从而批准贷款申请；但如果这 10 个人中有 5 个人违约（见图 1.3），那么银行就会认定风险高达 50%，从而拒绝贷款申请。需要注意的是，不同于仅用灰点表示的无监督机器学习（见图 1.2），图 1.3 采用黑点代表违约者，灰点代表履约者，星形点代表新贷款申请者，以此来区分类别。这正是监督机器学习的典型特征，即通过预设的结果标签来指导模型训练。通常情况下，可以有多个结果类别。例如，我们曾合作的一家保险公司，将人群分为 6 个不同的风险等级，对应 6 个结果类别。而在其他应用场景中，输出结果也可以是具体数值，比如胆固醇水平的检测值。

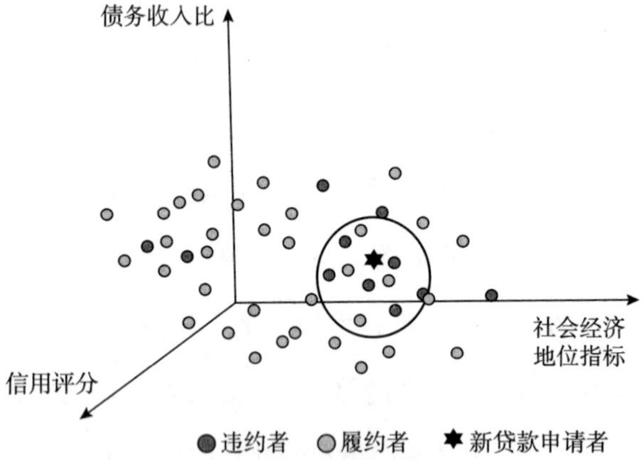

图 1.3 贷款申请者违约风险分类

注：围绕星形点的圆圈表示与该申请人最相似的 10 个历史贷款记录（即“最近邻”）。在这 10 个“最近邻”中，5 个贷款出现违约，4 个（接近 5 个）贷款未出现违约。

运用之前案例中同样的机器学习原理，艾莉莎的医疗团队对数百万名患者的历史记录进行分析，将她的人口统计数据、基因信息以及医疗指标与这些数据进行比较，测算出她患心脏病、糖尿病与癌症的风险分别为 1%、0.5% 与 20%。尽管这类疾病风险预测涉及复杂的模型构建与科学的验证流程，但这并非本书重点探讨的内容。我们希望读者理解，监督机器学习模型如何深入地渗透进我们的日常生活。在本书后续章节中，你将看到这类模型既被用于自动筛选简历，也应用于影视推荐、约会对象匹配以及商品推送中；既塑造社交平台上的人际关系网络，也生成个性化的运动提醒；既决定数字广告的定向投放策略，也承担着预测人体这台最精密"机器"出现故障风险的重任。

正如艾莉莎在得知自己可能罹患某种癌症的风险后，合理调整了饮食习惯一样，本书的作者之一拉维·巴普纳对胆固醇问题也格外关注。医生建议他降低所谓"坏胆固醇"，即低密度脂蛋白（LDL）的水平，否则拉维患心脏病的风险会大幅增加。拉维的这种风险主要源自遗传因素，他的家族中有多位成员因心脏病去世，这让他格外担忧。为了监控风险并保持健康的低密度脂蛋白水平，他最近购买了一款苹果手表。这款手表可以通过监测心跳和心律获取心电图数据，从而预测心脏病发作并提供早期预警。他还调整了饮食和运动习惯，并通过苹果手表详细追踪变化。

为解决通过心电图诊断心脏病等复杂难题，我们需借助深度学习技术。作为 AI 领域蓬勃发展的分支，深度学习擅长处理图像、语音、视频以及多语言文本等富含细节的感知数据。不同于传统模型只能处理表格中的数字，深度学习模型可以直接加工原始形态的复杂信息，比如图像中的像素点、乐曲的声波。这些数据对人类而言直观易懂，对机器来说却曾是巨大的挑战。以两位丹麦科学家的研究为例：他们利用卷积神经网络（一种擅长图像处理的深度学习架构），开发出了通过 12 导联心电图来诊断心脏病的 AI 系统。[23] 如今，深度学习模型已广泛应用于各个领域。当你在谷歌上输入关键词时，深度学习模型能预测并补全你要输入的内容；当你用谷歌邮箱写信时，它会为你建议后续的措辞；孩子们从小就会与之对话的 Siri（苹果手机上的语音助手）、Alexa（亚马逊旗下的智能语音助手），背后的技术支撑正是这类模型。它不仅是自动驾驶汽车的“大脑”，更是生成式 AI 的核心引擎，能撰写文章、智能重组专利技术、[24] 设计品牌视觉形象，甚至创作音乐。在撰写本书之际，OpenAI 刚刚发布了 GPT–4（生成式预训练转换器 4）。这款大语言模型能够通过分析全球范围内的文本数据预测词语、短语或句子。[25] 我们将在第五章中深入探讨大语言模型在教育领域的应用。毕竟，如果学生能用 ChatGPT 完成所有预修课考试中的题目，那么我们现有的教育模式可能会被生成式 AI 彻底颠覆。

在享用了牛腩和花椰菜玉米饼，又喝了几杯百香果梅斯卡尔玛格丽特酒后，贾斯米娜和艾莉莎展开了一场热烈的讨论：艾莉莎是否值得从月薪中拿出一大笔钱，购买一台新的数码单反相机。艾莉莎负责管理多处的爱彼迎房源，这些房产归一位投资者所有。她的部分薪酬与这些房源的月收入挂钩。艾莉莎凭直觉认为，如果提高爱彼迎房源列表的图片质量，可能会在不降低订房需求的前提下，提高房源定价。但她的老板对此表示怀疑，如果她想要购买这台相机，只能自掏腰包。

幸运往往眷顾勇敢的人，尤其是当勇敢背后有坚实的科学依据作为支撑时。例如，来自哈佛大学、卡内基－梅隆大学和波士顿大学的研究人员，曾对 7 423 套爱彼迎房源的图片进行为期 16 个月的深度学习分析。他们发现，高质量的照片可使房源每年增收 2 500 美元。[26] 研究人员将图片的原始像素输入多层深度学习网络，通过迭代训练（基于海量案例）提取出这些图像的特征，比如构图和美感质量。分析结果表明，这些视觉要素的优化与房源收入增长之间呈显著的正相关关系。因此，艾莉莎的直觉完全正确。如果她购买那台昂贵的相机，那么不仅房源收入会增长，她的个人收入也会随之增加，几个月的时间就能收回购买相机的成本。

这类研究的过程复杂，但意义深远。尽管研究质量较高，所得结果也颇具吸引力，但研究人员要想在顶级同行评审期刊上发表成果，仍需付出不懈努力。他们必须使审稿人确信研究结果没有受到房屋质量等潜在干扰变量的影响。如果房屋本身质量较高，拍出的照片就优质，房屋价格也随之上涨。此外，研究还必须证明，并非优质的照片推高房价，而是较高的房价让房东有资金投入专业摄影和优化房源。这种反向因果关系的陷阱，常常是阻碍论文发表的一大难题。本章后续将详细探讨因果分析的重要性，这里先稍作提及。

和大多数人一样，艾莉莎在购物前习惯先上网搜索一番。她在谷歌搜索框里输入“最佳单反相机”，搜索结果页面马上出现了几个定向广告，还有 Instagram（照片墙）、YouTube（优兔）和 TikTok（抖音海外版）网红的相关页面，以及几篇相关博客文章。夜色渐深，未来几天她还有多套房产需要打理：要确保租客撰写住宿评价并保持房间整洁，监督保洁团队按时打扫卫生……不知不觉间周末已悄然来临。

周日上午，伴着咖啡的香气，艾莉莎像往常一样打开 TikTok 和 Instagram 刷短视频，转眼便沉浸其中长达一个小时。平台推送的内容大多符合她的喜好：她收获了一些装修的灵感，关注了一位分享生活智慧的行为心理学博主，还留意到某位付费博主分享的苹果手机摄影技巧。她反复观看这条教学视频后，点击关注了这位博主，然后继续处理日常事务。夜幕降临时，她再次通过谷歌搜索，跳转至“十大单反相机权威评测”页面。

前文我们已经介绍过无监督学习、监督学习和深度学习，而艾莉莎行为的背后，是另一种机器学习模型——强化学习。强化学习的任务是收集艾莉莎在多个数字平台，如 YouTube、TikTok、领英、推特（X）、亚马逊、脸书、网飞和 Instagram 等产生的数据，比如观看某条视频的时长，分析她的行为情境，然后根据她的历史记录和兴趣偏好，推送精心搭配的内容组合与定向广告。其核心逻辑在于实现探索与利用的平衡。数字内容和广告生态会不断呈现这些内容：个人穿搭风格、装修灵感、素食食谱，以及同龄人喜爱的舞蹈视频。平台会“利用”她的这些偏好，向她推送更多类似内容。然而，如果平台只是重复推送此类内容，算法便难以捕捉到她的新兴趣的微弱信号。例如，她对单反相机感兴趣，却又花了很多时间观看苹果手机摄影教程。此时，强化学习算法就会“探索”新的内容类别或广告。事实上，当艾莉莎那天下午浏览新闻时，亚马逊就试探性地给她推荐了一则单反相机广告。虽然她并没有点击，但研究表明，此类展示广告会潜移默化地在她脑海里形成记忆锚点，可能会提高她当晚主动搜索“十大最佳单反相机”

的概率。

如前文所述，强化学习算法在探索与利用之间寻求平衡。这种算法不仅适用于需连续做出决策的场景，比如决定下一条给艾莉莎展示什么视频或广告，在缺乏监督学习所需标注数据的情况下也同样有效。例如，在简历筛选这一招聘流程中最耗时的环节，强化学习就展现出了巨大潜力。传统的监督学习方法因为会固化，甚至加剧人类偏见而饱受诟病。例如，亚马逊的简历筛选系统就因歧视女性求职者而被迫停用。[27]然而，最新研究发现，采用强化学习方案的企业，既能利用历史数据识别出优质候选人的特征，又能系统探索少数族裔等新型人才库，在保证招聘质量的同时，显著提升员工的多样性。[28]鉴于算法决策公平性的重大意义，以及“探索 – 利用”策略在丰富人类生活体验方面的广泛应用，强化学习在未来数字生态系统中，必然会扮演更为关键的角色。

艾莉莎的消费旅程最终以一封来自百思买（Best Buy）的25% 折扣邮件而圆满结束。凭借这个由 AI 精准推送的优惠，她以比预期低 3 000 美元的价格，购买了一台尼康 D7500 单反相机。回顾艾莉莎和贾斯米娜这一周的生活，我们不难发现，四种机器学习技术——无监督学习、监督学习、深度学习和强化学习在她们背后默默发挥着作用。这些技术不仅增强了人类的能力，减少了我们日常生活中的麻烦，还为我们的生活增添了色彩，共同构成了“AI 之屋”的核心支柱。现在，让我们推开“AI 之屋”的大门，深入探索其内部更为丰富的技术图景。

我们将“AI 之屋”设想成一个集成框架（见图 1.4），其融合了前文探讨的四大机器学习类型。这个框架以数据工程为根基，涵盖因果性分析、规范性分析、生成式 AI、决策类型的系统化分类，以及伦理公平准则，通过合理转化分析结果，为社会带来福祉。

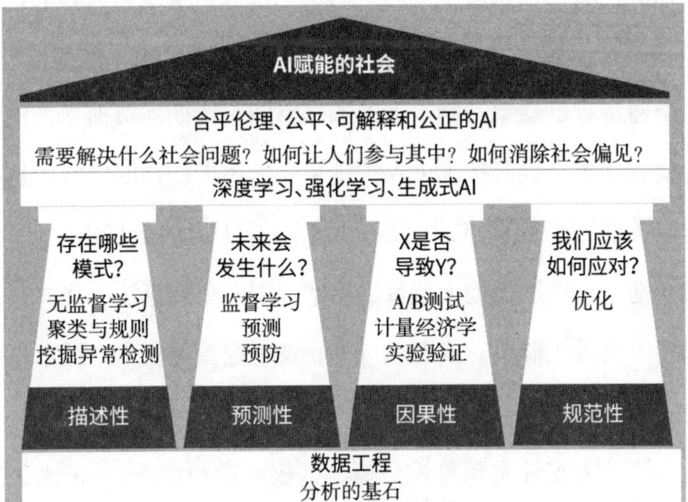

图 1.4 “AI 之屋”框架

让我们先从根基——数据工程谈起。实践表明，在构建

AI 项目的过程中，工程师近七成的时间都花费在数据工程这一环节。具体而言，首先要为四类机器学习筛选适配的数据源，随后通过清洗、聚合、整合与转换，将原始数据转化为可用资产。（顺带一提：如果你正在寻找一份有发展前景的职业，那么数据工程师无疑是不二之选。）“AI 之屋”框架建立在数据分析的四大支柱之上：描述性分析、预测性分析、因果性分析和规范性分析。

先来看第一大支柱——描述性分析。它依托无监督机器学习技术，通过挖掘高维数据中的隐藏模式来增强人类智能，弥补人类在识别复杂模式上的短板。（它能“描述”模式。）而人类通常难以想象三维以上的数据空间。比如，贾斯米娜的银行就利用异常检测技术来保护她免受信用卡欺诈的侵害。这并非仅关注三个数据点，而是要处理成千上万的数据点。此外，描述性分析还能借助无监督机器学习中的聚类算法，将海量数据归入同质化群组；或者通过关联规则挖掘等技术，揭示事件之间的潜在规律与共现关联。

第二大支柱是预测性分析，其核心命题在于：“未来会发生什么？”可以说，预测性分析的关键就在于预判未来走向。比如，消费者会出现贷款违约的情况吗？员工会选择离职吗？预测性分析弥补了人类另一认知缺陷：我们往往难以清晰、准确地阐释自身的决策逻辑。匈牙利数学家波拉尼对此曾精妙地总结道："我们所知远多于所能言说。"与其访谈几十甚至上百个贷款经理，去探寻他们判断风险的经验，不如直接利用银行过去积累的数百万条贷款记录（其中包括违约案例）。通过科学的数据挖掘手段，结合监督学习技术，让算法从这些历史数据中自主学习，最终构建出业界领先的风险评估模型，精准测算出新贷款申请的违约概率。

第三大支柱是因果性分析，其致力于解答"X 是否导致 Y"这一核心问题。对于大多数决策者而言，这是一项挑战，因为他们需要跳出既有数据框架，运用反事实思维，提出"如果……会怎样"的假设，进而推演出其他不同的情境。在现实场景中，数据通常以报告或精美的可视化形式呈现，比如量化产品新功能所带来的效果，抑或是我们近期参与的项目，评估某品牌推出移动端渠道的效果。[29] 曾有一位高管资助开发一款在线约会应用，他惊喜地发现，移动端用户的参与度显著高于网页端。随后，他收到一份增加应用新功能的提案，提案中声称基于参与度的增幅与开发成本，量化了应用的投资收益率（ROI）。然而，多数决策者忽略了一个关键问题：参与度的提升，是否确实归功于应用本身？这正是反事实思维的精妙之处。假如你拥有一台时光机，能够回到过去，选择不推出这款应用，那么参与度是否还会实现同样幅度的增长呢？参与度增长的背后，是否还有其他因素在发挥作用？例如，公司内部其他部门的季节性波动，或者促销活动都可能对参与度产生影响。更大的挑战在于，那些难以想象、无法直接观察的因素，比如晴朗的天气是否会让人们的情绪更加乐观，进而让他们更积极地下载并使用应用。所有这些因素都有可能影响最终结果，而不仅仅是因为推出了这款应用。那么，究竟该如何抽丝剥茧，找到影响结果的真正原因呢？

规范性分析作为第四大支柱，常常融合前三大支柱的核心要素，帮助我们在组织约束的条件下构建决策模型，回答“我们应该如何应对？”这一关键问题。简言之，就是提出行动建议或方案。举例来说，假设一家银行希望在发放贷款时，确保男性和女性的真阳性率（TPR）保持平等，即真正符合贷款资质的男性和女性，被模型准确判定为符合条件的概率相同。仅凭预测性分析无法确保公平，而规范性分析会把这一要求作为限制条件（比如，男性和女性或不同种族间的真实批准率必须一致），通过优化模型的预测结果生成决策，从而系统性保障公平。人类天生不具备在多重约束下优化决策的“本能”，也无法摆脱固有偏见的束缚。而经过适当校准的机器，却能够胜任这一任务。这也进一步凸显了借助 AI 增强人类智能的必要性。

在早期研究阶段，拉维与其合著者曾提出“分析之屋”框架。该框架以数据工程为基础，包含描述性分析、预测性分析、因果性分析和规范性分析四大支柱，并强调分析转化的重要性。[30] 在本书中，我们在原有“分析之屋”的基础上，增加了两个层次，提出了“AI 之屋”。第二层涵盖了深度学习、强化学习和生成式 AI 等前沿技术——这些技术如今已深度融入现代社会，我们将在后续章节中对它们展开更为深入的探讨。“AI 之屋”的顶层由一套规范体系、价值观和实践构成，其目的在于让大众更容易理解这项技术，同时强调公平和伦理，以负责任的方式推进 AI 发展。

如果你已经阅读至此，恭喜你！这意味着你对推动第四次工业革命、与我们日常生活紧密相连的最先进通用技术——AI 的理解，已超越了全球 95% 的人口。在接下来的章节中，我们将进一步探索 AI 如何改善我们生活中共同关心的方面：寻找爱情，促进人际关系，守护健康与福祉，提升教育质量，以及增进财务知识。

准备好迎接这场激动人心的旅程吧！

核心要点

- AI 是驱动第四次工业革命的通用技术。与其他任何关键技术一样，它兼具利弊。当前，公众讨论大多聚焦于其负面影响。本书旨在平衡这一局面，鼓励人们利用 AI 为商业和社会服务。
- AI 已为改善我们的日常生活带来了诸多积极影响，包括降低各类风险，提升社会安全水平。还记得那位在德国突发癫痫的女性吗？她的安卓手机自动拨打了急救电话。还有美国联邦通信委员会借助 AI 每年挽救数万条生命的案例。在接下来的章节中，我们将探索 AI 如何对健康、幸福、人际关系、教育、工作以及家庭生活等方方面面产生影响。
- 我们提出了“AI 之屋”框架，旨在帮助普通大众成为 AI 讨论中的知情参与者。本书将从贴近日常生活的视角出发，为读者提供直观理解 AI 的方法，并赋予读者相应的行动力，从而积极塑造 AI，让它为社会创造更多福祉。

02

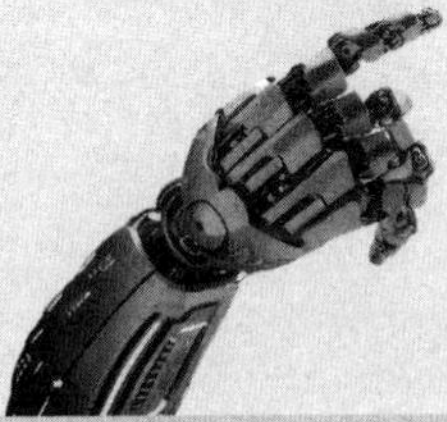

AI 助力寻觅爱情

T H R I V E

对于大多数人来说，成年后，生活的重心之一便是寻找爱情，贾斯米娜也不例外。然而，对于什么是“爱”，无论是爱情还是其他类型的情感，人们并没有统一的定义。人们对“爱”的理解，往往受生物学、历史、文化、宗教、经济学、社会学等诸多领域因素的综合影响。此外，人们对“爱”的认知，还受自身欲望、观点、需求、性格、情绪等因素的影响。幸运的是，我们无须在本章中定义“爱”，而是重点关注如何去寻找“爱”，这里所探讨的“爱”，具体指的是爱情。

寻找爱情是人生体验中不可或缺的一部分。无数的故事、歌曲、电影、艺术作品、书籍和戏剧，都围绕“爱”这一主题展开，其中既有寻觅爱情时的坎坷曲折，找到爱情后的欢欣，也有失去爱情后的痛苦。无论是爱情小说还是浪漫情景剧，都离不开对爱情的探讨。在绝大多数情节丰富的作品中，都不难发现对爱情的深刻解读。从《斯卡布罗集市》到《我将永远爱你》，从《理智与情感》到《BJ 单身日记》，从《我爱露西》到《欲望都市》，从《罗密欧与朱丽叶》到《汉密尔顿》，再到《卡萨布兰卡》和《当哈利遇到莎莉》，追求爱情的主题跨越了时空与文化的界限，广为流传。从现实角度来看，“寻找爱情”指人们为寻觅理想伴侣所采取的各种具体、可观察的行动。

寻找爱情的过程，大致可拆解为几个关键阶段，涉及一系列常见的活动。首先，人们会通过广撒网的方式来寻找潜在伴侣，比如参加各类社交活动，加入俱乐部或兴趣小组，请他人帮忙介绍，或者前往酒吧、夜店等场所，这些都是大多数人寻找伴侣的方式。接着，通过约会、相处、交谈等途径，对潜在关系进行探索和评估，判断双方是否适合。随着关系的逐步发展，最终建立起浪漫的伴侣关系。这通常意味着更深层次的承诺，比如同居、共享资源、共担责任、婚姻（无论是法律、宗教还是其他定义下的婚姻形式）、生育子女，以及在未来照顾彼此。

当然，每个人参加这些活动的方式或频率不尽相同，但无论你是谁，想要寻找什么样的伴侣，“寻爱之旅”总是从结识新人、建立联系开始的。

在现代社交环境中，与潜在伴侣建立联系，往往意味着要在充满挑战的约会丛林中艰难前行。虽然这种挑战一直存在，但与过去几代人不同的是，在过去的 30 年里，科技已经深刻改变了人们的恋爱方式。从互联网的普及到 Web 2.0（第二代万维网）的兴起，再到社交媒体的蓬勃发展，以及 AI 驱动的智能手机约会应用的广泛使用，科技正深刻地影响着人们寻找伴侣、评估关系和建立浪漫关系的方式。事实上，通过在线平台认识另一半的比例已经大幅攀升。数据显示，在 2017 年相识的情侣中（这是目前可获得的最新数据），近 40% 是通过网络认识的，这一比例远远超过其他传统方式。

这样的统计数据不禁引发许多人思考：AI 驱动的在线约会，到底对人类的“寻爱之旅”产生了怎样的影响？这是本章接下来要探讨的主题。

你自己或身边的朋友很可能都有过在线约会的经历。毕竟，网络约会的历史几乎与互联网一样悠久，最早的约会网站 Match.com 早在 1995 年 4 月就已上线。[1] 从早期的在线聊天室到即时通信，再到如今的约会网站与应用，网络约会的形式不断演变。如果你在聚会上邀请人们分享自己的相关经历，大多数人都能讲出一两个故事，有的甜蜜，有的尴尬，有的甚至是完完全全的灾难。

贾斯米娜分享了她的表弟与另一半相遇的故事，如今他们已经在一起10年了。而艾莉莎想到的，却是自己在注册某个在线约会应用后的短短几天内，邮箱便收到大量不堪入目的垃圾邮件。其他人的经历更是令人不寒而栗，比如有人提道："我妹妹曾经被她在网上认识的人跟踪。"

面对这般迥异的体验，人们不禁要问：AI驱动的在线约会，究竟是让恋爱之路变得更加顺畅，还是越发崎岖？AI在寻找爱情的各个阶段到底扮演了怎样的角色？

正如贾斯米娜的银行通过异常检测技术来防范信用卡欺诈一样，现代AI技术在在线约会中，首先致力保障我们的安全。虽然这一点往往被人们忽视，但其重要性不亚于那些受关注度更高的功能，比如第一章中提及的，根据多维相似性为贾斯米娜提供个性化约会推荐。甚至像AI辅助拼写检查和语法纠正这样看似微不足道的功能，在浪漫关系中也可能产生深远影响。Grammarly的首席执行官马克斯·利特文解释道："人们常常会以写作质量来评判一个人的工作态度。"[2]研究表明，个人资料中仅出现两个拼写错误，就会使潜在约会对象回应的概率降低14%。[3]

我们先来分析AI如何保障安全。就像谷歌邮箱鼓励用户将邮件标记为垃圾邮件或网络钓鱼邮件，并利用这些"标记"

数据来检测未来的垃圾邮件或诈骗信息一样，AI 在识别虚假账户、机器人，以及在线约会中的不雅图片方面，发挥着关键的作用。现代约会应用程序通过深度学习模型检测并删除不雅图片，甚至还能识别出可能预示未来骚扰行为的攻击性文本。例如，Tinder 会进行用户询问“这让你感到不适吗？”，并收集用户反馈生成标签，进而训练监督学习模型，以便未来自动检测具有攻击性的文本。如果系统检测到某条消息可能带有侮辱性，它会在发送前实时询问用户：“你确定要发送这条消息吗？”我们这些获得终身教职的学者，往往习惯直言不讳（甚至可以说，畅所欲言是工作赋予我们的权利），如果大脑里也能装上一块“你确定吗？”的芯片，在各种生活场合适时踩下刹车，我们大概会毫不犹豫地为此付出不菲的代价。但这就是另一本书要探讨的话题了。

为理解 AI 如何借助文本数据实现用户匹配或检测冒犯性内容，我们需要深入解析自然语言处理（NLP）的核心流程。这里讨论的诸多概念同样适用于其他高维数据，比如图像、音频和视频等。以贾斯米娜在 OkCupid 上的个人资料（见图 2.1）为例，AI 数据处理工程师会通过以下步骤，将文本转化为机器学习可解析的数值形式。

我喜欢梅斯卡尔玛格丽特酒、优质的徒步路线和播客节目《修正主义者的历史》。
我热爱我所在的城市，因为这里有密西西比河以西最美味的泰国菜。
我有可能发起“扑克之夜”，但不可能去看体育比赛。

图 2.1 数据工程师将文本转换成数字，供 AI 算法后续使用

AI 数据工程师首先会对这些文本信息进行“文本向量化”处理，使其能够适配无监督或监督学习模型。随后，他们会开展数据清洗工作，包括去除如“a、an、the、from”等停用词，统一将所有文字转换为小写（因为计算机对大小写字母的处理方式不同），提取词干（即将单词还原为其基本形式），如“fishes、fishing、fishery”都会被简化为“fish”，并且会剔除那些出现频率极低或极高的单词。同样的处理流程也会被应用于 OkCupid 上所有可能与贾斯米娜匹配的用户资料。贾斯米娜的信息经过“文本向量化”处理后，生成了一个包含数列和一行数字的单行表格（见表 2.1）。

表 2.1
贾斯米娜的 OkCupid 个人资料的数字表示（部分显示）

肉桂酒	玛格丽特	徒步	修正	历史	争论	最好的	泰式	……	……
1	1	1	1	1	1	1	1		

需特别注意的是，经过词干提取后，“margarita”被简

化成了“margarit”。当把相同的处理方法应用于贾斯米娜的2 000 个其他候选匹配对象时，表格会显著扩展。这不仅会增添许多其他用户的特征词，如“学习”“陶艺”等，同时在贾斯米娜对应的行中，会引入大量零值或空白单元格（即未涉及相关词汇）（见表 2.2）。

此时，这种分类仅是对资料中特定单词的粗略处理，还无法识别梅斯卡尔（mezcal）和龙舌兰（tequila）属于非常类似的烈酒品类，也难以判断在这个地区，喜欢亚洲美食与喜爱泰国菜的用户之间可能存在更紧密的关联。

表 2.2
2 000 名用户 OkCupid 资料的数字表示（部分显示）

								第 3 000 列 ↓
用户	肉桂酒	学习	陶艺	龙舌兰酒	外卖	玛格丽特	印度	……
1（贾斯米娜）	1				1	1		1
76				1		1		
……								
2 000			1		1		1	

为了赋予这些维度实际意义，从而区分某些概念之间的亲疏关系，AI 数据科学家会使用另一种嵌入式技术。假设这些文本是由一小部分潜在维度生成的。虽然这些维度无法被直接观察到，但 AI 可以依据数据进行推测。在我们的案例中，这

些潜在维度可能映射为酒类选择、食物偏好以及体育活动选择。可以通过深度学习方法发现这些潜在维度，但需要注意两点：一是它们隐藏在数据之中，难以直接察觉；二是只有当数据量足够大时，AI 才能识别出这些维度。这便将我们带回到第一章的起点。与以往使用收入、身高和吸引力等显性维度不同，我们现在有了 3 个潜在维度，分别与酒类选择、食物偏好和体育活动选择相关（见图 2.2）。

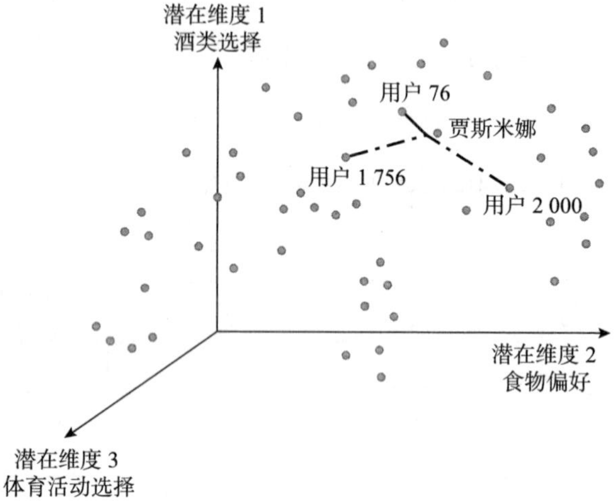

图 2.2　3 个潜在维度

注：嵌入式技术将贾斯米娜的 3 000 维文本信息紧凑地表示为 3 个潜在维度。

根据我们构建的模型，在由个人资料中的语言和特定词汇构成的潜在超空间中，相较于用户 1 756 和用户 2 000，用户 76 更接近贾斯米娜。同样的嵌入理念也可以应用于图像中的像素数据。结合收入、身高和吸引力等传统数值属性，现代 AI 便能更精准地为贾斯米娜找到理想的约会对象。

现在，我们可以将“文本—数字—嵌入式技术”运用到句子、短语及聊天信息的分析当中。一旦用户将某些词汇标记为冒犯性词汇，我们就可以应用第一章中监督学习预测分析的相关技术，在实时对话中触发“你确定要发送吗？”这样的警告提示。

AI 驱动的在线约会的影响

让我们回到更宏观的问题上：在线约会究竟对普通人的生活，乃至整个社会产生了怎样的影响？贾斯米娜和艾莉莎等人的经历固然有趣，但仅凭这些个例，我们无法得出明确的结论或可验证的答案，以说明 AI 究竟如何改变了我们的“寻爱之旅”。这些故事或许只是个体的经历，但哪些故事反映了普遍的事实，哪些又只是个别的情况呢？作为研究者，我们的目标是找到有确凿证据支撑的答案，而非仅仅依赖个别案例。

你可能会感到意外，实际上，关于约会与技术的学术研究已经相当丰富。这在一定程度上是因为数字技术产生了大量可供研究的数据。不同于酒吧等实体场所，线上平台和应用程序拥有内置的数据收集功能，能够详尽地记录用户的数据。它们不仅能够记录点击次数、页面浏览量等基本信息，还能够捕捉到更高级的信息，比如用户浏览他人资料的时长等。当这些数据乘以数百万的用户基数时，极具研究价值的行为数据库便形成了。

研究人员认为这些数据库具有价值，是因其呈现了真实人类行为的具体信号，而非实验室模拟行为或问卷调查的预设行为，后者往往与人们的实际行为存在偏差（人们设想的行为与实际行为常有出入）。在寻爱研究中，这些数据真实地记录了人们的行动轨迹，为理解人类行为提供了实证基础。通过严谨的分析，此类研究能拓展人类对世界认知的边界。然而，在深入探讨之前，需明确一点：在这种情况下，人们对个人信息的担忧是合情合理的，但我们可以承诺，学术研究遵循严格的伦理标准与研究规范（我们所开展与引用的研究同样如此）。研究者关注的是群体行为趋势，而非特定个体的行为特征，且所有数据均经过匿名化处理。

那么，在线约会是如何从新鲜事物逐渐演变为人们寻找伴侣的主要方式的呢？研究者将其兴起誉为“婚配领域的革命性变革”。一位学者指出，寻找伴侣是“人类面临的最大难题之一”，而在线约会的出现堪称“人类历史上在这一领域的首次创新”。[4] 另一位学者则认为，“在过去的 400 万年中，异性婚配方式经历了两次重大变革：第一次发生在一万至一万五千年前的农业革命时期，人类从游牧生活转向定居；第二次便是互联网的兴起”。[5]

因此，人们纷纷涌向约会网站也就不足为奇了。毕竟，万年一遇的创新，着实令人难以抗拒。

从诞生之初，在线约会就凭借一系列优势特征吸引了众多用户，其中许多特征被认为是提高匹配成功率的关键因素。首先，计算技术实现了更大规模、更快速的运算，从而大幅降低了搜索成本。《美国社会学评论》的一篇文章指出：“在互联网时代之前，搜索个人广告意味着手动翻阅报纸的分类版面。印刷广告只能逐期查阅……相比之下，在线搜索使历史记录与最新信息同样易于获取。在线搜索百万条记录与搜索百条记录同样便捷。”[6]

更大规模、更快速的运算带来了更多的选择，进而提升了匹配成功的概率。即便是社交能力再强的人，其社交范围也无法与互联网的覆盖范围相提并论。正如最新研究表明：“Tinder、Match.com 和 eHarmony 等平台所连接的用户群体，远超通过母亲或朋友介绍所能触及的范围。对于所有正在寻找伴侣的人来说，更多的选择无疑更具价值。”[7]

匿名性是在线约会平台的另一大特色。借助计算机媒介，用户可远程观察潜在匹配对象，既保证了匿名性，又在一定程度上保护了隐私。同时，用户可以在正式见面之前筛选潜在伴侣，这种方式相较于在酒吧见面或朋友安排的相亲更加安全。[8]另外，异步交流方式为用户提供了更充裕的回应时间，对于那些有社交焦虑的人来说，他们可以更从容地塑造自己的形象，精心组织言辞，展现出更积极的自我。[9]

最后，相较于互联网时代前的婚介服务（包括朋友、家人或同事介绍的相亲），AI 赋能的在线约会承诺提供更优质的匹配。[10]例如，成立于 2000 年的 eHarmony 宣称，其“独特的兼容性匹配系统”通过 32 个维度评估每对潜在伴侣的契合度。[11] Match.com 则表示，平台名为“Synapse”的算法根据自成立以来 7 500 万名用户的大量数据，整合了多项研究发现：比如，女性不太可能与居住地较远、年龄较大或身高较矮的男性进行邮件交流。其他发现则更为细致：天主教女性尤其不太可能联系印度教或无神论男性；而男性虽然对发色最为挑剔，但对女性的收入则相对不太在意。[12]

在线约会的另一大吸引力在于，它能够减轻个体在社区和社会交往中遇到的某些社交障碍。正如你可能从亲身经历或与匿名性相关的报道中了解到的那样，当人们知道自己的身份无法被识别时，他们的行为方式往往会发生变化。多项研究表明，这种去抑制效应的影响十分显著。[13]

当然，有人认为，当去抑制效应引发网络暴力、欺凌、跟踪等不良行为时，它是有害的。但在寻找爱情的过程中，通过匿名实现的去抑制可能带来更积极的影响。由于在一定程度上摆脱了社会压力的束缚，人们在线上寻找伴侣时更加自如。例如，现实生活中的社交障碍可能会阻碍人们追求被视为禁忌的关系，如跨种族恋或同性恋，[14] 但线上环境和匿名搜索功能却有助于减轻这种社会污名，促成那些在现实生活中难以形成的配对。[15]

数字化约会：是福，是祸，还是无关紧要？

近年来，在线约会从最初的新奇事物快速演变为一种主流现象。随着计算技术的不断进步，约会平台持续创新，为单身人士开辟了寻找、结识和联系浪漫伴侣的全新途径。在数字化约会近 30 年的发展历程中，我们究竟学到了什么？大数据、算法、AI 以及其他技术，究竟是如何影响我们寻找爱情的过程的？这些技术的积极影响，是否足以抵消那些令人尴尬的逸事？

正如你可能猜到的，这些问题的答案远比简单的“是”或“否”要微妙且有趣得多。实际上，即便是在最理想的情况下，人际关系也是错综复杂的。尽管各种线上约会平台都承诺提供“更佳匹配”，但在这种情境下，“更佳”的定义本就含混不清，更不用说去验证这些承诺是否真正兑现了。在婚配领域，“更佳”是一个难以界定的概念，最终的成败，更多地取决于人们在实际见面后建立的交流、约会、互动以及情感联系，而不仅仅是约会平台本身。然而，有证据表明，数字化约会确实消除了许多传统的择偶障碍，尤其是在初始匹配阶段，这无疑是一种进步。

匿名性的影响

我们在前文已经提过，数字环境及其产生的大量数据为研究各种现象提供了前所未有的新机遇。匿名性和线上约会的研究就是典型的例证。

在现实世界中，筛选潜在对象时几乎无法做到匿名，但在网络世界里，匿名不仅成为可能，而且长期以来都是社交网络产品设计的一部分。

约会平台可能将匿名性当作一大卖点，鼓励用户线上寻觅爱情，帮助他们避开社会的审视目光。对于那些渴望摆脱社会、文化或宗教层面关于“可接受”或“禁忌”关系束缚的人来说，这无疑是一种优势。然而，匿名性的代价是什么呢？对匿名性的错误解读又会带来什么样的影响？从表面来看，匿名性似乎全是优点——更好地保护隐私、保障人身安全以及免受社会压力。然而，其是否存在潜在的弊端呢？

在一项早期研究中，拉维及其合著者就提出了这样的观点：

> 一方面，匿名性降低了搜索成本，从而引发了去抑制效应。用户无须顾虑他人会如何解读或评判自己的浏览行为，甚至不必担忧重复访问可能被视作“跟踪”。
>
> 另一方面，在社交互动中，匿名性可能会干扰信号传递机制，从而对匹配过程产生负面影响。特别是匿名性会隐匿用户行为，这可能会破坏在线约会中建立有效沟通的社交信号机制。因此，总体而言，我们的研究目的是检验在线约会中去抑制行为和信号传递的净效应。[16]

研究人员在热门约会网站上展开了大规模实验。他们随机选取了 10 万名用户作为实验对象，并将其中一组设置为可匿名浏览他人资料，另一组则保持非匿名状态。需要说明的是，即便处于匿名浏览模式下，用户的个人资料依然对其他用户可见，且能通过发消息功能直接与他人联系。唯一的区别在于，第一组用户可以匿名浏览其他用户资料。

实验结果显示，匿名功能确实引发了去抑制效应。启用匿名浏览功能的用户浏览了更广泛的个人资料，其中包括同性用户和其他族裔成员的资料。然而，这些匿名用户的匹配成功率并没有因此提高，反而与非匿名用户相差无几，甚至更低。匹配减少的原因是什么呢?

答案涉及另一种社交阻力：人们如何在避免过度主动或强势的情况下表达对彼此的兴趣。这同样受到社会规范的制约，而女性在这方面受到的审视更为严苛。在异性恋婚配中，传统性别规范不鼓励女性在约会时“主动出击”。

在线约会的场景中，“主动出击”通常指的是主动发送消息，开启对话。在之前提到的研究中，两组用户都拥有发送消息的权限。然而，那些启用了匿名浏览功能的用户，却失去了以更加微妙、间接的方式来表达兴趣的能力。这种微妙的方式被称为“弱信号传递”，其在实现初步交流乃至成功匹配的过程中都扮演着至关重要的角色。

在该研究中,"弱信号"是指"谁浏览了你"这一功能(许多社交平台都设有类似功能)。简单来说,如果用户苏珊浏览了瑞恩的资料,但并未直接给瑞恩发送消息,那么苏珊的这次浏览行为,就可能被瑞恩解读为一种表达兴趣的信号。无论苏珊此举是有意还是无意,当她访问瑞恩的资料时,便留下了弱信号。

如果苏珊的访问记录在瑞恩的"谁浏览了你"列表中可见,那么瑞恩可能会受到鼓励,主动给苏珊发消息,进而提高匹配的可能性。但前提是瑞恩能够看到苏珊的访问记录。如果像苏珊这样的用户因选择匿名浏览或平台设计使其处于隐身状态,那么她就无法通过弱信号传递自己的兴趣,进而降低与其他用户匹配的概率。研究表明,传递弱信号与成功匹配结果之间存在因果关系。

此外,弱信号功能对女性用户而言尤为重要。由于传统观念不提倡女性"主动出击",留下弱信号这种行为让苏珊能够在不违背社会规范的前提下表达兴趣。她无须采取明确、直接的行动,仅仅出现在瑞恩的"谁浏览了你"列表中就能暗示自己的心意。这种借助弱信号表达兴趣的方式,为双方的成功匹配创造了条件:苏珊无须违背社会规范,她发出的弱信号便能起到邀请作用，鼓励瑞恩主动发起联系。

在现实世界中，弱信号很难被捕捉到。在现实情境中，最接近“谁浏览了你”这一数字信号的可能是微妙的调情行为。然而，微笑、凝视、对某人笑话的反应等行为，含义更为模糊，也更容易引发误解。况且，要在酒吧里研究 10 万人的约会行为，几乎是不可能完成的任务。

其他研究表明，在数字世界中留下多种信号的能力，显著增加了男女配对的数量。除了“谁浏览了你”这一功能，还有一项研究分析了某在线约会平台的“谁喜欢你”功能所产生的影响。研究结果表明，当女性能够看到哪些男性“喜欢”了她们的资料时，她们会变得更加主动，向其他用户直接发送消息的数量增长了 7.4%，匹配率更是提升了 14.4%。

同样，“谁喜欢你”功能对于男性寻找匹配对象也是有益的。在没有这一功能的情况下，男性发送消息数量约是女性的两倍，但发送更多消息并不意味着匹配率更高。相反，在启用“谁喜欢你”功能后，男性的匹配率提升了 11.5%。

这预示着数字约会正步入一个新阶段：聚焦“兴趣相投”的匹配应用程序将逐渐成为主流。

应用程序：照片、游戏化与身份验证重塑约会场景

移动约会应用的兴起，为传统婚恋网站增添了新功能。用户能够随时随地通过智能手机查看约会对象的信息，推送通知功能增强了用户黏性。[17] 此外，手机的全球定位系统（GPS）技术还支持搜索附近的匹配对象。[18] 这些功能有力推动了21世纪第二个10年在线约会平台的爆发式增长：Grindr于2009年3月上线，[19] Tinder于2012年9月问世，Bumble则于2014年12月登场。[20] 为了紧跟趋势，传统婚恋网站也纷纷推出移动应用，以维持自身竞争力。[21]

在21世纪第二个10年的市场增长进程中，Tinder发挥了关键作用。2013年5月，OkCupid以55%的市场份额位居在线约会服务榜首，Match.com以约18%的份额紧随其后。然而，仅4个月后，Tinder就超越了所有竞争对手，一跃成为最大的在线约会平台，市场份额超过50%，到2014年初更是飙升至80%，而此时距离其上线还不到两年的时间。[22]

Tinder的加入无疑极大地改变了行业格局。但问题在于，Tinder并非行业的“先行者”，它的竞争对手早已建立了庞大的用户群体，并占据先发优势。那么，Tinder为什么还能如此

迅速地崛起呢？研究表明，Tinder 的成功得益于多个关键因素。

与传统约会网站依赖冗长问卷和复杂算法不同，Tinder 采用了极简的照片资料设计，仅保留基本信息和不超过 240 字的简介。传统平台虽提供丰富的信息，但这些信息常与用户的实际需求脱节。正如研究者所指出的：

> 大多数在线约会网站采用了类似电商的“购物”界面，将用户按照身高、体重、收入等可搜索的属性进行分类，如同商品一样，供其他用户筛选。然而，浪漫吸引力的判断通常基于默契、幽默感等主观感受，当用户被迫依据收入、宗教等客观属性去筛选潜在伴侣时，失望在所难免。[23]

Tinder 的界面设计则聚焦于外貌吸引力等直观感受。案例研究显示，其匹配流程极为顺畅，用户只需通过右滑（表示喜欢）或左滑（表示跳过）照片来表达对他人的好恶。[24] 正如我们此前讨论的，当用户能够查看谁“喜欢”或浏览过自己时，匹配率将显著提升。

Tinder 的崛起还得益于对年轻群体的吸引力。2013—2019 年，18~24 岁的用户使用移动约会应用的比例，从 5% 跃升至

22%。[25] Tinder 最初在高校进行推广，并对 30 岁以上的用户收取更高的费用。[26] 像 Match.com 和 eHarmony 等传统网站主要服务年长用户。Tinder 问世前，有调查显示："在 40 岁以下的人群中，约 23% 通过网络开启恋情，而 40 岁以上人群的这一比例为 36%。"[27] 其他研究将这一现象称为"谜题"：作为社会中最精通技术的群体之一，年轻异性恋成年人的线上交友意愿却最低。[28] 因此，Tinder 的成功堪称在线约会领域的"颠覆性创新"，因为它发掘并吸引了以往被忽视的用户群体。[29]

此外，Tinder 巧妙地将游戏化元素融入"寻爱之旅"，其中最具标志性的莫过于"滑动"功能。[30] 用户在应用中快速浏览大量资料，右滑代表感兴趣，左滑则表示不感兴趣。双方匹配成功后，就可以解锁聊天功能，而成功配对的用户在后续搜索结果中的排名也会相应提升。[31]

游戏化是移动应用成功的公认要素，Reddit、Snapchat 等热门应用均采用了这一策略。[32] 一项关于应用游戏化的研究表明, Tinder 等应用"采用了简洁直观的用户界面，信息量精简，集成滑动、弹窗通知等游戏元素，与传统婚恋网站基于复杂匹配度问卷和算法的运行逻辑形成鲜明对比"。[33]

Tinder 用户确实在一定程度上将该应用视为游戏。对用户评论的分析显示，Tinder 用户使用与"有趣"相关的词汇来描述使用体验的频率，是其竞争对手（约会应用）的 2.5 倍。[34] 2014 年，一项针对 21 名 Tinder 用户的民族志访谈发现，除两人外，其余受访者均表示使用 Tinder 是为了娱乐或提升自信。其中，34 岁的埃尔温完全认同 Tinder 的娱乐属性，他说："对我而言，它更像一款游戏。"为了证实这一点，他指着自己苹果手机上的游戏文件夹说："看，它就在《糖果传奇》的旁边。"[35]

Tinder 的创始人也曾公开表示，在开发应用时，他们有意融入游戏化的理念。肖恩·拉德坦言："我们始终将 Tinder 的界面看作一款游戏。用户的每一个动作、每一次反应，都仿佛置身游戏之中。"[36] 乔纳森·巴丁补充道："为了营造轻松有趣的氛围，我们从游戏中获取灵感。"[37] 巴丁还透露，Tinder 滑动功能的灵感来自心理学家伯尔赫斯·弗雷德里克·斯金纳的鸽子实验：经过训练后，鸽子误以为啄食动作会带来食物，而实际上食物是随机投放的。[38]

Tinder 的前产品经理兼首席设计师斯科特·赫尔夫写道："Tinder 堪称目前最令人上瘾的应用之一，全球约有 5 000 万人借助它来与人见面、约会乃至结婚。滑动操作简单自然，方便用户快速做出反馈。但真正让人欲罢不能的是赌博般的奖励机制——当'配对成功'突然跳出时所带来的多巴胺冲击。"[39]

Tinder 区别于其他平台的另一个关键因素是强制绑定脸书账号，以此为简洁的个人资料提供认证机制。长期以来，在线约会领域面临诸多安全隐患：2019 年一项调查显示，48% 的女性与 27% 的男性在拒绝对方后，仍遭受持续骚扰；46% 的女性与 26% 的男性收到过未经请求的露骨信息或照片；11% 的女性与 6% 的男性甚至遭遇过人身威胁。[40]

通过将 Tinder 的个人资料与脸书真实用户的历史照片等内容绑定，可以有效过滤潜在恶意用户。有作者对此解释道：

> Tinder 的欢迎页面上设有一个醒目的蓝色按钮，提示用户“使用脸书登录”，该登录步骤不可或缺。在 Tinder 上约会，涉及对他人自我展示的评估、地理位置信息的共享以及与陌生人见面，这些行为都可能带来虚假信息和人身安全威胁的风险，而脸书便成了 Tinder 应对这些不确定性的保障。尽管其他约会应用后来也整合了脸书登录功能，但 2012 年 Tinder 推出时，此举堪称创新。它通过提取脸书用户的姓名、年龄、近期照片和性别等信息来构建档案，同时存储用户的点赞记录和好友列表，并在浏览模式中展示共同好友和兴趣，从而解决了信息准确性和安全性方面的顾虑。[41]

同样，Tinder 规定用户不能直接通过手机上传照片，所有图片必须源自现有的脸书或 Instagram 页面。[42]

Bumble：主动出击

惠特尼·沃尔夫·赫德是 Tinder 早期成功的幕后功臣之一，不过她更广为人知的成就是她后来创立了公司 Bumble。作为 Bumble 的首席执行官，她的领导才能为她赢得了“全球最年轻白手起家女亿万富翁”与“最年轻女性上市公司创始人”等殊荣。[43]

截至 2021 年，在沃尔夫·赫德的引领下，Bumble 这款约会应用的估值高达 140 亿美元，每月活跃用户数量达 4 200 万。然而，这些亮眼的数据仅仅展现了 Bumble 成功的一方面，其最值得关注的，是设计数字约会平台的独特理念。

沃尔夫·赫德与 Bumble 团队打造了以女性为中心的在线约会体验，充分考量了女性用户的需求。她在接受采访时坦言，从小接触的性别角色分配的观念对自己产生了影响。[44] Bumble 的设计赋予了女性主动权。在 Bumble 平台上，只有女性“主动出击”，即主动联系匹配对象后，双方才能继续交流。“主动出击”也正是 Bumble 的宣传标语。考虑到 Bumble 的确颠覆了传统的性别角色设定，这个口号可谓恰如其分。

Bumble 的设计理念得到了学术研究的验证。研究表明，相较于其他平台的用户，Bumble 用户更容易找到匹配对象。此外，沃尔夫·赫德和她的团队着力解决在线约会中的不良行为问题。例如，Bumble 配备了能够自动模糊露骨图片的算法。结合仅允许女性发起对话的功能，显著减少了令人反感的骚扰行为。沃尔夫·赫德甚至成功推动了 Bumble 总部所在地得克萨斯州的立法，将发送未经请求的裸照行为定为犯罪。

Bumble 致力营造更安全、愉快的在线环境，这一努力赢得了广泛赞誉。虽然将 Bumble 称为“健康、积极”或“危害性最小”的约会应用，听起来可能并不像赞美，但考虑到互联网领域仍如同缺乏有效监管的“狂野西部”，这样的评价实则难能可贵。

《时代》和《智族》杂志对沃尔夫·赫德的专题报道也给予了 Bumble 高度评价。当其他平台在行为准则和道德标准方面态度不一甚至放任自流时，Bumble 始终坚守规则。沃尔夫·赫德以现实世界中人们普遍接受的行为作为参照，制定了 Bumble 的行为准则。例如，正如在现实生活中暴露癖不被接受一样，Bumble 也明令禁止用户在平台上发送未经请求的暴露照片等不当内容。

《时代》杂志的一篇专栏文章写道："相较于恋爱、人际关系，甚至应用内消费，惠特尼·沃尔夫·赫德真正提供的，是对弱势群体的赋权，以及在这个常常显得混乱无序的网络世界中建立秩序的体验。"[45]

元宇宙与未来的约会

未来，在线寻找爱情的人将会迎来怎样的变化？随着互联网日益深度融入人们的沟通、工作与社交方式，我们相信，在线约会及随之而来的现实世界的"寻爱之旅"，将随着技术进步而持续演变。

当前，元宇宙虽然尚处于起步阶段，但可能成为下一个约会的前沿领域。在虚拟现实（VR）空间中，用户之间可以进行互动。随着脸书创始人马克·扎克伯格等人对元宇宙的关注度不断提高，虚拟现实、增强现实（AR）以及相关技术正逐渐进入公众视野。如果这些技术能够像扎克伯格等人所承诺的那样，在元宇宙中实现无缝融合，人类无疑会尝试在这个虚拟空间中开展各种活动，包括远程工作、商业交易、社交互动，甚至是约会。

事实上，这一趋势已然初现端倪。截至目前，已有团队推出 thedatingverse.com，提供“虚拟现实约会辅导”服务。据网站称，“虚拟现实与约会辅导的结合堪称游戏规则的改变者”，“虚拟现实中的练习让现实中的约会更加完美”。[46]

无独有偶，纪录片《我们在虚拟现实相遇》于 2022 年年中在 HBO（美国家庭影院频道）流媒体平台上线。影片简介写道：“这部作品展现了虚拟世界中几段日益紧密的关系，许多关系始于新冠疫情防控期间。当时，现实世界中的人们正深陷孤独。”[47]

然而，无论技术如何更新发展，人类渴望面对面交流、凝视对方的双眼、共赏日落、在星空下共眠，以及追求情感与身体亲密接触的需求，永远不会消失。

核心要点

» AI 可以帮助我们找到真爱吗？当然！在美国，超过 40% 的新恋情始于 AI 赋能的数字平台。类似 Grammarly 这样的 AI 工具正帮助用户优化线上约会资料。研究表明，仅仅两个拼写错误，就会使收到潜在约会对象回复的概率降低 14%。此外，游戏化是各类移动应用（包括约会软件）

提升用户黏性的关键策略，Reddit 和 Snapchat 等热门应用也深谙此道。

» AI 技术守护在线约会领域的安全。Tinder 等平台通过深度学习模型识别不雅图片、冒犯性文字以及仇恨言论，这些内容往往是未来骚扰行为的前兆。

» AI 可以在“嵌入”的上下文空间中，丰富呈现用户的多维特征，为优质匹配算法奠定基础。这不仅拓宽了择偶的选择范围，还缓解了社会焦虑情绪。AI 赋能的数字生态系统赋予女性力量，让她们能够“主动出击”。

03

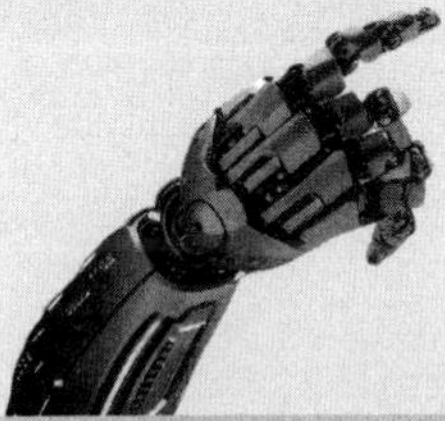

AI 改善人际关系

T H R I V E

也许在你身边发生过这样的故事。2021 年 1 月，疫情的阴霾正逐渐散去。贾斯米娜把车停在了离家几个街区外的路边。这个周四傍晚，街道比往常更喧闹。当她步行回家时，迎面走来的两位女士一看到她，就立刻穿过马路，远远地避开了她。她们在马路另一侧走了半个街区，等经过贾斯米娜后，又折返回来。这显然不是正常的“保持社交距离”行为。贾斯米娜心里很不是滋味，但当晚她还有一堆事要做，只好暂且将在自家社区遭遇种族定性的负面情绪搁在了一边。晚餐后，贾斯米娜想起家里闲置的搅拌机占据了小厨房不少空间，打算卖掉它，于是登录了邻里社交平台 Nextdoor。可她还没来得及发布商品售卖信息，首页的第一条帖子就令她愤怒不已。原来是一些焦虑的邻居正警告其他居民，称“一个穿着连帽衫的可疑黑人男子在附近徘徊”，并呼吁人们一旦发现就报警。贾斯米娜的遭遇并非个例。此前有报道指出，在 Nextdoor 上，关于“黑人的命也是命”抗议活动的关键信息，总是被“所有人的命都重要”这类评论淹没，甚至被直接标记为“骚乱”。[1] 2020 年夏天，这一情况导致 Nextdoor 的首席执行官萨拉·弗里亚尔不得不公开道歉，承认对平台自愿审核员的监管存在不足。[2]

2022 年 3 月 30 日，令人惊讶的是，Nextdoor 竟因“传播善意”而登上了《时代》“2022 年全球最具影响力企业 100 强”榜单。《时代》代表对此解释称：

> 在面对无法有效遏制种族主义内容的批评声浪时，社区社交网络平台 Nextdoor 及其首席执行官萨拉·弗里亚尔去年推出了一套全新系统。该系统旨在扫描帖子中的“危险信号”，并引导用户在发布存在问题的内容前审慎思考。这一功能基于 Nextdoor 的“善意提醒”功能，一旦系统检测到负面言辞或其他激烈对话的迹象，就会主动提醒用户。数据显示，约 1/3 的用户在收到提示后会修改或撤回内容，这为饱受不良内容困扰的社交平台提供了可行的解决方案。[3]

经过深入探究，我们在 Nextdoor 平台上发现了一项名为“建设性对话提醒”的新功能。这一功能与第二章提到的 Tinder 用于检测淫秽图像或不当语言的 AI 技术异曲同工。Nextdoor 借助 AI 与机器学习技术，实时预测和检测评论区可能出现的激烈对话，并在用户发表言论前介入。[4] 当 AI 预测到某场讨论存在激化的风险时，应用程序便会弹出提醒窗口，并提供一些建议，引导用户以更具同理心的口吻来表达观点。

真正引起我们注意的是 Nextdoor 发布的一则声明：“更具体地来说，这套机器学习模型考虑的是整场对话的上下文，而不是孤立地分析单条评论。”接下来，让我们来解读基于完整对话上下文（而非单条评论）进行分析的意义，这将带领我们进一步探索自然语言处理的领域。

自然语言处理早期的应用之一是对产品评论进行分类，将其标记为正面、中性或负面。这一过程涉及第二章讨论的“文本向量化”技术，本质上属于监督学习分类问题。另一个典型的自然语言处理任务是“人名检测”，它能助力机器学习更高效且个性化。具体而言，就是给定一个句子或段落，要从句子或段落中识别词语是否为人名。例如，在以下句子中，下画线的词语显然是一个（虚构的）人名：

何塞·拉莫斯（José Ramos）不仅舞艺精湛，还是位优秀的总统。

然而，AI 需具备足够智能，才能识别如下语境：

唐·何塞（Don José）酿酒厂生产的朗姆酒品质上乘。

此处下画线的唐·何塞并非人名，而是酿酒厂的名称。要让 AI 理解这点，就必须使其具备“瞻前顾后”的能力，即凭借后续词汇预判前文的语义。这恰恰体现了现代深度学习模型的先进之处：它们能捕捉序列数据的双向关联，在分析对话时，从开篇到结尾全程记住语境信息。例如，AI 可以预测出下一个符合逻辑的词语来补全句子（类似谷歌搜索或谷歌邮箱的智能联想功能），比如对于“装满美味柠檬水的水壶”这句话，AI 可能会补全为“装满美味柠檬水的水壶总是半满的”。

AI 能够理解段落开头和结尾词语之间的联系，并对后续生成的词语进行相应调整。这正是双向循环神经网络（BRNN）[5]和长短期记忆（LSTM）模型[6]等深度学习模型的强大之处。这些模型通过训练海量文本数据（如维基百科中的内容）来学习语言的模式和结构。这些模型以及后来的变换器模型

（GPT-4 等大语言模型的底层技术），在业内引发了极大的兴趣和关注。我们将在第五章深入剖析它们的运作原理。

陌生人共享的“家”

2018 年 1 月，本书作者之一拉维与其妻子索菲亚成了爱彼迎的房东。不过，他们在爱彼迎上发布的房源，并非位于明尼阿波利斯的自家居所，而是在印度斋浦尔的一套公寓。他们每年会前往斋浦尔一到两次，与拉维的父母及其他家人相聚。这个“家”改变了他们的旅居体验：告别了千篇一律的酒店房间，拥有了宽敞的空间，正值青春期的女儿也能拥有独立的卧室，还能从容接待亲友留宿。因为这套公寓，他们的斋浦尔之旅真正有了回家般的温度。

与许多其他爱彼迎房东、VRBO（在线度假租赁平台）会员，以及通过 Getaround 和 Turo 等公司出租汽车的车主一样，拉维和索菲亚利用技术，让自己的重要资产发挥出更大价值。

然而，在运营初期，他们面临一个核心难题：如何在房源缺乏五星评价时，合理定价以吸引租客？要设定一个能提高需求的合理租金价格，并非仅仅参考斋浦尔其他三居室爱彼迎公寓的平均价格那般简单。他们该如何为公寓的整体风格、艺术品和顶级软装定价呢？更不用说公寓还配备了齐全的厨房设施，包括洗衣烘干机和洗碗机（在印度，由于家政服务价格低廉，这些设备并不常见）。在房源运营的早期阶段，如何确定最优价格，从而确保爱彼迎房源能够稳定出租，着实是个难题。

此时，爱彼迎的智能定价算法成了破局的关键。这套基于监督学习模型的后台工具，能够依据所选价格和多种因素对需求进行预测。它不仅考量床位数、浴室数、设施及电器等硬件属性，还能通过图像分析量化软装溢价，同时纳入季节性波动、竞品定价、预订提前期等变量。该算法并非只关注单一因素，而是考虑各个因素之间复杂的相互作用，例如“三居室＋部落艺术装饰＋位于中央公园对面＋配备洗碗机＋斋浦尔文学节（年均吸引 40 万名游客）等重大活动前两周”这样的组合所蕴含的价值。[7] 房东可以利用这一工具，根据特定条件设定价格范围，而爱彼迎则会在此基础上进一步对每日价格进行动态优化。

爱彼迎智能定价算法的日常价格优化功能，减轻了拉维夫妇的管理负担，使他们在印度探亲期间能全身心地陪伴父母，而拉维的父母也可在闲暇时接待来自全球的旅客。[8] 最新研究表明，采用该算法的房东日均收益提升了 8.6%。[9] 不过，算法所带来的红利在不同种族房东之间的分配存在显著差异：在算法推出前，控制了房东、房产和位置的可观测特征后，白人房东的日均收入比黑人房东高出 12.16 美元；当双方均采用智能定价后，收入差距缩小了 71.3%。然而，黑人房东采用该算法的概率显著偏低，这可能源于他们对 AI 系统根深蒂固的不信任（历史上，AI 在预测累犯率等领域对黑人存在系统性偏见，[10] 法官常依据预测累犯的 AI 算法决定谁可被释放或保释金的数额。本质上，这些算法利用机器学习对累犯可能性进行评分，却被指责对黑人存在偏见），[11] 也可能是因为他们对算法效益缺乏认知。但拒绝使用 AI 算法的代价是沉重的，这意味着牺牲 8.6% 的收入增长机会，而黑人房东本可通过智能定价更显著地提升房源需求。

从表面上看，将斋浦尔的公寓挂在爱彼迎平台出租是出于经济方面的考量，实则蕴含着拉维对年迈父母的深切关怀。赋予父母“房东”这一角色，为他们的退休生活增添了意义。拉维的父母乌莎与贾瓦哈作为当地接待者，得以结识来自全球的旅客。这些人际往来对两位老人而言意义深远，尤其对拉维的父亲——这位曾任美国国立卫生研究院（NIH）博士后研究员的退休药理学教授而言，他一直怀念职业生涯中的社交互动。

对于像拉维父母这样的银发房东而言，房客带来的不仅是经济收益，还是一扇通往世界的窗口。随着远行日渐艰难，通过经营民宿，他们足不出户便能接触到各国旅客带来的多元文化，旅客会与他们交谈，向他们咨询当地的餐馆与游玩攻略。这些社交往来不仅缓解了老人的孤独感，更让他们感知到自我价值，重拾生活的目标感。

拉维的父母在爱彼迎上接待客人的经历并不总是顺利的。以下是拉维的父母曾在爱彼迎平台上收到的一条留言，来自一位打算入住一晚的房客——我们称其为房客 A。这条留言的内容保留了原文的拼写错误，但电话号码已做模糊处理（以下为留言原文）：

> 房客 A 留言："先生，请告知我您的联系方式，我想预定（预订），或者您可直接拨打九一一六〇一二七六联系我。"

接下来，便是爱彼迎、拉维和房客 A 之间的交流互动（房客 A 为接收信息方）。

房客 A 没有任何评价记录，并且违反了爱彼迎禁止在平台外联系的规则，还要小聪明用文字伪装电话号码（将数字写成单词以规避平台检测）。拉维和索菲亚作为资深房东，一眼就能识破这些小伎俩并向平台举报（这就如同谷歌邮箱用户标记垃圾邮件，帮助平台优化垃圾邮件识别算法一样）。但对于新手房东而言，若遇到像房客 A 这样的人，可能会面临不小的风险，比如房客入住后拒绝付款，或者逃避平台评价机制，等等。在这种情况下，前沿的 AI 技术——意图分析（intent analysis）宛如一道“数字护盾”，发挥着关键作用。就拿这个房客 A 的行为来说，轻则可以算作投机取巧，重则很可能构成欺诈行为（比如，蓄意违反平台规则以牟取不正当利益）。那么，什么是意图分析呢？它是如何在这种情境下保护房东权益的呢？

爱彼迎的技术团队融合了无监督学习、监督学习与自然语言处理三项人们已经有所了解的 AI 和机器学习技术，用于检测消息系统中对话所蕴含的意图。其具体运作逻辑如下：首先，要深入理解用户可能涉及的各类话题。常见的对话内容包括协调入住的到达时间、表达对额外服务（如清洁频率）的偏好、在预订前咨询泳池或餐厅等各类设施的情况，以及在少数情况下试图绕过平台，私下进行交易的不良意图。在这一环节，隐含狄利克雷分布（LDA）[12] 等无监督模型便大显身手。给定一个大型文本语料库，比如在过去 5 年里爱彼迎平台上的所有对话，该模型可以检测出每段对话所讨论的主题。随后，产品专家团队会对部分对话进行人工标注，定义多级分类标签，如“非法线下沟通”“客诉咨询”“支付问题”等等。需要留意的是，结果变量的分类极为细致，并非限于两类，而是可以达到 10 类、20 类，甚至 200 类，这就如同在照片中检测树木、桌子、河流、书籍等对象一样。将主题作为输入特征，把标注结果作为监督信号，以此训练机器学习模型。一旦新对话触发“非法沟通”概率阈值，系统便会触发警报，[13] 如图 3.1 中加粗下画线的案例。

爱彼迎：**<u>“该房客似乎试图脱离平台进行沟通。请确认是否属实。”</u>**
拉维：“是。”
爱彼迎：“感谢您标记该用户的违规行为。”
拉维点击**“拒绝预订”**。
拉维：“根据我们的房源说明，您需要3~5条正面评价才能预订。此外，您不能脱离爱彼迎平台与我们联系。”

图 3.1　检测到恶意意图的爱彼迎对话（粗体加下画线）
和随后的回复（粗体）

正如前文案例所示，当拉维夫妇收到房客 A 发出的违规内容时，爱彼迎系统立即弹出提醒信息，拉维随即果断拒绝预订，并提醒对方遵守平台规则。这套意图分析技术还被用于减少平台上的各类摩擦，比如通过历史消息预测客诉风险，为房东和房客提供即时反馈。

纵观各案例，AI 技术正构建起全方位防护网：贾斯米娜的银行借助异常检测技术拦截欺诈交易；OkCupid 通过深度学习过滤不雅图片与不当信息；艾莉莎的医生借助监督学习预测心脏病风险；相机推荐系统通过强化学习优化用户选择；而在当前的案例中，爱彼迎利用意图分析技术，识别投机性用户的不良行为。

如今的 AI 技术，确实在守护着我们的安全。

暂且抛开“陌生人危险”不谈，我们有理由相信，爱彼迎的创始人一定会喜欢拉维的父母热情接待旅行者的故事。布莱恩·切斯基与乔·杰比亚在文章和访谈中，多次表达了他们对公司愿景的乐观展望，言语间透露出一种使命感，这表明他们创立爱彼迎，绝非仅仅靠短租业务盈利。

2022 年 7 月，乔·杰比亚在爱彼迎官网的新闻栏发表了一封公开信，宣布自己即将迎来第一个孩子，因此未来将减少参与公司日常运营。在这封信中，他回忆起爱彼迎诞生的故事。2007 年，他和室友因房东涨租而创办了这家公司。他写道：“在接待了十多亿位客人后，数据证明，黄金法则确实是人性中的一部分，或许这就是为什么几乎每一种文化中都有类似的原则。换言之，人性本善。在这个充满苦难的世界里，有时我们需要重新认识这一点。”[14]

在推特上，布莱恩 · 切斯基分享了他写给爱彼迎团队的一封信，信中谈到了他与乔·杰比亚的合作，在信的结尾他写道：

> 有一天，我问乔：“如何定义爱彼迎的成功？”你们知道他是怎么回答的吗？他说，爱彼迎虽然没有成为世界上最大的公司，但它拓展了“家庭”的内涵。他说，如果我们成功了，有一天，当你翻开词典，就会发现“家庭”的定义不再仅限于父母、兄弟姐妹或子女，还包括你在家里接待的所有人——那些你照顾的人，以及信任你的旅行者。[15]

真的那么糟糕吗？

也许有人会觉得爱彼迎创始人的话不过是空洞的陈词滥调。也许吧，但不可否认的是，爱彼迎的影响力极为深远。正如乔 · 杰比亚在信中所言：“感谢 400 万名爱彼迎房东，是你们打破常规，构建起全球最大的酒店网络。你们向世界敞开了自家的客房、蒙古包、别墅、洞穴、谷仓、豪宅、拖船、

Airstream（清风房车）旅行车，甚至还有爱达荷州的巨型土豆屋。”[16]

我们推测，杰比亚与切斯基如此强调技术赋能的积极叙事，或许另有原因。数字平台、应用程序及其他 AI 技术，虽已成为 21 世纪全球生活的核心组成部分，却也始终处于媒体聚光灯的审视之下。主流媒体、流行文化与政界人士往往将目光聚焦于技术滥用的阴暗面：那些助长青少年霸凌现象的社交应用，对网络暴力放任不管的平台，引发隐私恐慌的智能设备，还有干预大选的算法机器人，等等。

就爱彼迎而言，媒体常报道其对非房东住户产生的所谓负面影响。指责短租客制造噪声，举办派对，导致停车混乱，破坏了社区的宁静。例如，2016 年《纽约时报》发表了一篇题为《爱彼迎让游客友好的新奥尔良邻里反目》的文章[17]，犀利地指出："这项颠覆酒店业的技术设计，同样也扰乱了社区生活与公共政策的制定。"

这种影响在新奥尔良、俄勒冈州的波特兰和得克萨斯州的奥斯汀等城市，引发了关于短租问题的激烈争论。尽管《纽约时报》的文章提道，部分新奥尔良居民认可短租经济对飓风灾后社区重建的资金支持，但整体基调仍偏负面，将爱彼迎描绘成一个置身于社区治理之外的冷漠科技巨头，暗示其房东群体在无监管、无执照的状态下运营，甚至违反了当地法规。

然而，2021 年的实证研究表明，爱彼迎的负面影响被媒体叙事过度放大。[18] 该研究调查了 415 位短租活跃区域的居民，旨在收集他们对旅游业的总体态度，特别是对爱彼迎积极和消极影响的看法。从表面上看，短租会扰民的观点似乎有一定的道理，但研究结果显示，多数人认为该平台对生活质量的影响微乎其微。研究指出："对于普通居民而言，短租客既未显著提升，也未明显破坏社区生态。"

当然，历史经验告诉我们，任何一项技术都可能产生积极、消极或者意想不到的影响，尤其是在技术刚刚兴起，人们还在适应新变化的阶段。新技术的出现常常引发部分群体的焦虑和担心。这种"恐慌"并非新鲜事，类似的例子数不胜数。例如，汽车、电子游戏、耳机，甚至计算器的问世，都曾引发"人类末日"的恐慌预言。

如今，数字平台、应用程序和 AI 正面临类似的质疑，引发新一轮的恐慌。它们并不完美，也并非在所有情况下都能产生完全正面的影响，但它们也绝非一无是处。在我们看来，数字平台、应用程序和 AI 更多时候能激发人们的善意，而非恶念。然而，主流媒体缺乏对积极叙事的关注，这也许是因为人类天生就容易受到负面偏见的影响，抑或是因为末日论调能带来更高的收视率和点击量。遗憾的是，恐惧和负面消息总是更能博人眼球。

拉维的父母在成为爱彼迎房东后，结识了许多新朋友，建立起了宝贵的人际关系，这在他们本可能陷入孤独的晚年岁月里显得尤为珍贵。他们热情地邀请房客共进晚餐，毫无保留地分享在斋浦尔老集市购物的心得。在我们看来，任何能够促进积极人际互动的技术，都不应被片面地认定为有害。毕竟，就算是简单的锤子，既能用来搭建房屋，也能用来拆毁高墙。

值得注意的是，AI 技术正在共享经济领域得到广泛应用。优步开发的 DeepETA 深度学习算法，能够精准预测到达时间，从而实现乘客、司机高效对接，外卖餐品高效送达。[19] 从欺诈检测、风险评估到路线优化，AI 技术已深度融入叫车服务的每个环节。[20] 而在来福车平台上，基于机器学习的智能客服不仅能预判用户需求，还能在解决问题的同时提供个性化服务。[21]

超越评分，建立信任

爱彼迎的成功显然离不开卓越的团队、不懈的努力与时代机遇的完美契合，而时机的把握也至关重要。试想，如果爱彼迎创立于 20 世纪 90 年代的互联网泡沫时期，或许根本无法起步。幸运的是，创始团队赶上了 Web 2.0、社交媒体与智能手机重塑人类社交、消费与旅行方式的黄金时代。

毫无疑问，在成为家喻户晓的私宅租赁代名词之前，爱彼迎需要跨越重重障碍，其中既有工程技术方面的难题，更涉及复杂的人性问题，尤其是人类对信任的根本需求。无论是向陌生人敞开家门，还是入住异国他乡的陌生住所，都需要强大的信任基础。在这种情况下，双方都必须充分信任对方，才能感到安全与舒适。一次爱彼迎预订的核心，实则基于人际信任。

其实，爱彼迎并非房屋租赁的开创者。几百年来，人们早已通过各种方式与熟人或陌生人共享居住空间。从寄宿公寓、青年旅舍到民宿客栈，房东与租客之间对信任的需求，自古有之。同样，发布寻找室友的广告，并与有所回应的陌生人面谈，这一行为同样基于对彼此的信任。然而，爱彼迎打破了传统租赁模式的局限，将租赁规模拓展至前所未有的程度，并通过创新机制使陌生人之间的信任得以常态化。那么，究竟是什么原因，让来自世界各地、拥有不同文化背景的人能够如此轻易地信任陌生人呢?

对于爱彼迎、优步、来福车、任务兔等撮合个体服务交易的平台而言，用户之间的信任始终是核心命题。评分系统、用户评论以及品牌知名度，在建立信任方面固然重要，但仅凭这些机制或许还不足以支撑爱彼迎这样的公司。消费者做决策时参考评分和评论的习惯由来已久。20 世纪，消费者依赖《好管家》认证与《消费者报告》等权威背书做出购买决策。几个世纪以来（甚至可以追溯到“亚里士多德亲荐长袍裁缝”的古早年代），无数名人为各类商品代言的传统一直延续至今。而真正具有时代特征的，是当下无处不在的素人测评：个人电脑、数据库技术、在线支付与社交媒体的发展，使评价话语权从行业权威下沉至普通消费者手中。得益于 YouTube 等 21 世纪的平台，产品测评甚至发展成了一个新兴产业：一个分享玩具测评的孩子，年收入可能高达数百万美元。[22]

然而，根据评分选购吸尘器或图书，与租住在陌生人家中或乘坐陌生人的车，显然是两回事。因此，像爱彼迎这样的平台公司并未仅仅满足于依靠评分和评论，来向新用户传递质量和可靠性的信息，而是进一步构建了多维度的信任体系，让用户能够根据自身关注的信任因素进行选择。在这些平台上，用户会将过去的互动经历作为衡量未来信任度的依据。例如，每次从易贝卖家购买商品并顺利收到货物，我们对该卖家的信任度就会有所提升。在任务兔平台上，用户可能会优先选择曾为自己完成过任务的服务者。此外，他人的经验（通常以评价的形式呈现）也是建立信任的重要来源。算法对问题交易方的标记功能，提供了线下难以实现的信任保障。而爱彼迎通过高级文本分析技术，主动审核预订前的聊天内容，为双方筑牢安全防线。信任作为商业、贸易及资本主义核心要素的演变历程值得深入探究，阿鲁·萨丹拉彻在《共享经济：雇佣的终结与众筹资本主义的兴起》一书中，对此进行了系统探讨。

在传统社会中，握手之诺、签名为契、口碑相传曾是商业信任的基石；而如今，信任的构建已转向数字化信任标识。社交媒体档案（如脸书、YouTube、TikTok）、点评网站（如Yelp、TripAdvisor）的评分、第三方认证、背书等数字痕迹，共同构成了现代信任的度量衡。这种数字社交资本成为商品与服务交换中人际联结的润滑剂。AI 驱动的平台正通过精心设计，强化人际联结感知。例如，动态调整对话框尺寸来增强互动感。如果聊天框太小，用户可能只会输入“你好”这样的简单短句，让人感觉敷衍了事，像是“随便聊聊”；但如果太大，又可能因信息过载而让人望而却步，降低交流的愉悦度。[23]

这种信任体系的演变发生得相当迅速。在不到 10 年的时间里，我们从连脸书账号都没有，到欣然接受通过智能手机应用程序来搭乘陌生人的顺风车，仅仅因为这个平台让我们感到足够安全。这一变化的转折点，可以追溯到最早的一批互联网巨头之一——易贝。

在过去20年间，易贝和亚马逊等平台每月都能促成数百万笔陌生人之间的交易。尽管在易贝上购买收藏品或古董的信任成本低于租房，财务风险却依然存在。例如，在易贝竞拍成功后，买家需要先支付款项，再等待卖家发货。然而，商品可能存在质量问题，甚至是假货。如果缺乏有效的信任机制，人们可能更愿意选择信誉可靠的本地实体店，而非冒险在网络上与陌生人交易。事实上，易贝通过建立"互联网最早、最知名的信誉系统之一"，成功解决了这个问题。正如保罗·雷斯尼克与理查德·泽克豪泽的研究所指出的："正是易贝等平台构建的评价和反馈系统催生了线上信任。"[24]

雷斯尼克与泽克豪泽在他们的研究中剖析了易贝信誉系统的运作机制。他们指出，数字化工具使平台参与者能够以极低的成本完成评价的收集与传播。这种信息流通方式，虽与传统信任构建的路径不同，但在网络空间展现出了独特的价值。尽管研究发现此类信誉系统存在缺陷，但这些缺陷可能并不会真正影响信任体系的有效性，关键在于用户是否"认为"这个系统值得信任。

爱彼迎的信任机制继承并发展了易贝开创的模式。它不仅沿用了房源评分与用户评价体系，还引入了其他重要的数字信号，以增强用户的信任感。正如萨丹拉彻在其书中所阐述的，活跃的脸书档案等数字痕迹，为用户提供了评估他人可信度的依据。爱彼迎设计的独特之处在于要求交易双方通过脸书资料进行身份验证。如此一来，用户在交易前就可以在线“审查”潜在的租客或房东，尤其是在涉及与陌生人共享私人空间的交易中，信任机制显得尤为重要。

透明度催生的歧视问题

爱彼迎的创始人或许始终秉持乐观的愿景，但人性并不总是如此美好。信息透明度在增进用户信任的同时，也可能让某些个体在使用平台时出现歧视行为。这一现象不仅出现在共享经济领域，也在其他场景中有所显现。

以网约车平台为例，田野实验表明，即使优步、来福车等企业通过产品设计来防犯歧视，司机在服务过程中仍可能存在歧视性行为。2017 年，豪尔赫·梅希亚与克里斯·帕克在一篇论文中指出：“尽管双边平台的算法匹配在客观标准上可能是高效的，但匹配后由人类执行的服务交付环节却未必如此。”[25]

换句话说，共享经济平台的供应端参与者（如网约车司机、爱彼迎房东）存在歧视性行为。梅希亚与帕克通过实验揭示，网约车司机取消特定群体乘客订单的概率明显更高。值得注意的是，即便平台运营方采取干预措施，比如在交易初期对司机隐藏部分乘客信息，种族歧视现象依然存在。此外，研究还发现，乘客如果在个人信息中表现出对LGBT（女同性恋者、男同性恋者、双性恋者与跨性别者）群体的支持，也可能遭受歧视。（不过，实验并未发现单纯基于性别的明显歧视。）

优步因歧视问题屡遭主流媒体抨击。一名圣迭戈的前司机起诉平台借乘客评价实施种族歧视[26]——部分乘客在查看司机照片后取消订单。另一项在西雅图和波士顿开展的学术研究，分析近1 500次网约车订单后表明：非裔乘客在西雅图的平均候车时间更长。[27]针对在线劳务市场任务兔与Fiverr的研究显示：黑人劳动者获差评的概率高于白人，女性劳动者更难获得任何反馈。[28]

另有研究人员发现，爱彼迎平台的房东也存在歧视行为。在2017年开展的一项大规模实验中，研究人员对5个城市中约6 400个爱彼迎房源展开测试。他们利用虚拟账户向房东咨询预订，部分账户使用“典型非裔美国人名”，另一些则使用

"典型白人名"，其余信息完全相同。[29] 研究结果显示，"典型非裔美国人名"的账户获得房东积极回应比例较低，差异率达16%。该研究报告的作者指出，这一差距与在劳动力市场、在线借贷、分类广告以及出租车服务等领域发现的种族鸿沟高度一致。这意味着，尽管平台秉持包容开放的愿景，但部分房客仍因种族背景而遭受差别对待。

歧视现象也可能反向存在。近期一项研究分析了 14 个国家 10 万名爱彼迎房东的挂牌价格，发现"相较于白人房东，黑人房东对类似公寓定价低 7.39%，亚洲房东则低 5.94%"。[30] 尽管具体数据因城市而异，但研究表明，这种定价差异在调查的城市中普遍存在，白人房东的定价普遍更高。研究者认为，这印证了"消费者更倾向于选择白人房东，使其具备溢价权"的假设。

这类研究结果对爱彼迎等平台构成了现实威胁。如果用户在平台遭遇歧视并在社交媒体传播负面体验，轻则损害品牌形象与估值。而严峻的结果是，如果平台不加管控，任由歧视行为蔓延，少数族裔用户可能遭受更严重的不公平待遇。

面对这些证据，各平台已采取针对性措施。例如，为消除姓名引发的歧视，优步允许乘客在应用中修改姓名。针对司机歧视乘客的事件，优步和来福车解雇了相关司机，并对应用设计进行了调整。[31] 爱彼迎组建了专门团队优化预订界面，除直接协助报告歧视的用户外，[32] 还着手测试新型信息交互机制。例如，2022 年，爱彼迎开始测试一项新功能，即在用户预订确认前仅显示姓名首字母，而非完整姓名。[33] 此类测试旨在隔离影响歧视率的关键变量，探索既能促进信任等亲社会行为，又能遏制歧视等负面行为的有效机制。

作为研究人员，我们深知 A/B 测试实验的价值。在基于科学方法的众多领域中，这一概念已广为人知。其核心设计逻辑在于创建两组相同样本，仅对其中一组进行干预，随后观察结果差异，借此判断干预措施是否会真正引发结果变化，即明确证明某因素确实导致了特定结果。

A/B 测试并非新事物，但相较于科学和医学领域，其在服务与产品设计领域中的应用相对较晚。这或许是因为涉及真实用户的大规模实验成本高昂且操作复杂，但随着数据驱动型数字企业的兴起，局面已然发生改变。微软、Meta、TikTok、推特、优步、谷歌、亚马逊以及爱彼迎等企业，正在运行工业化实验体系，对产品功能进行微观调优。“从设计到算法，我们在产品开发的每个环节都通过受控实验获取洞见并做出决策，这对塑造用户体验至关重要。”爱彼迎工程师扬·奥弗古尔如是写道。[34]

如第一章所述，在 AI 驱动的数字化时代，严格测试不仅是迈向成功的关键，更是验证因果关系的必要途径。但需要明确的是，我们并不主张将所有决策权让渡给机器与算法，正如“AI 之屋”框架所强调的那样，人类的感知与判断必须参与其中，与智能系统形成协同效应。

前所未有的联结与流动

爱彼迎、优步、来福车、易贝、Etsy（手工艺品在线销售公司）以及任务兔等数字平台，构建起了全新的点对点服务网络。凭借这一网络，个体之间能够直接获取多样化的商品与服务。它们的影响力在我们周围持续彰显，各类交易、交换与互动活动正以指数级的速度增长。

从微观层面来看，这些发生在数字平台上的交换与互动活动或许平淡无奇。例如，在易贝上的一次小物件交易，放在漫长的历史长河中，可能微不足道。然而，如果这笔交易帮助发展中国家的卖家与更广阔的世界建立起联系，那它所产生的影响将十分深远。同样，Etsy 不仅为艺术家打开了更广阔的市场，更是在创作者与艺术爱好者之间架起了沟通的桥梁；网约车平台为人们提供了更加灵活的出行方式；爱彼迎则让人们有机会结识世界各地的新朋友，甚至建立深厚的友谊。如果没有数字时代强大的技术架构与数据处理能力，这一切都只能是空中楼阁，而无法成为现实。

如今，新冠疫情过后，这些趋势似乎有持续甚至加速发展的态势。2020—2021 年，全球范围内实施的疫情防控措施，让企业和员工意识到，许多工作并不需要亲自到办公室完成。研究人员和观察者（其中也包括爱彼迎自身的研究团队）已经发现，越来越多的人开始尝试并践行灵活的远程工作模式。

爱彼迎在 2021 年发布的一份报告中指出："对于那些有幸可以远程工作的群体而言，'随时随地办公'已成为一种切实可行的生活方式。"[35] 数据分析表明，人们在出行日期和目的地的选择上，都呈现出更大的自由度。人们前往更多不同的地方探索，停留的时间也大幅延长。该报告特别指出，"平台长期住宿（至少 28 晚）的订单占比，从 2019 年的 14%，跃升至 2021 年第一季度的 24%"。

当这种新型旅行方式逐渐普及，世界将会构建起怎样的人际网络？当更多人得以深入体验异域文化并长期沉浸其中，又会碰撞出怎样的思想火花？当探索者的足迹遍布我们共同栖息的这颗星球，又会发现哪些未知的机遇？

答案即将揭晓。

核心要点

- AI 正以多种方式促进陌生人之间的人际关系和谐。研究表明，如果平台未采用 AI 算法（如爱彼迎的智能定价系统），则将面临显著的负面影响。Nextdoor 社交平台运用 AI 与机器学习技术，预判某话题存在激化风险时，系统会主动介入，推送温馨提示并指导用户以更具同理心的表达方式进行沟通。
- 当前，AI 技术从多个维度保障我们的安全。银行借助异常检测技术防范金融欺诈；社交平台利用深度学习算法精准过滤不雅图片与不良信息；医疗领域借助监督式机器学习预测心脏病风险，并基于强化学习提供诊疗建议；同时，AI 算法通过主题建模分析用户行为意图，有效防范平台上的投机与欺诈行为。
- AI 算法正系统性地减少平台上的歧视性行为。虽然信息透明化有助于构筑用户信任，但也可能诱发个体使用者的歧视性行为，这种现象在爱彼迎、优步等平台都有发生。如第一章所述，在 AI 驱动的数字生态中，严谨的因果性分析（如 A/B 测试）至关重要。面对歧视问题，微软、谷歌、Meta、优步、亚马逊以及爱彼迎等科技巨头正开展广泛的测试项目，借助因果性分析支柱审视产品特性的细微变动，改善整体用户体验。

04

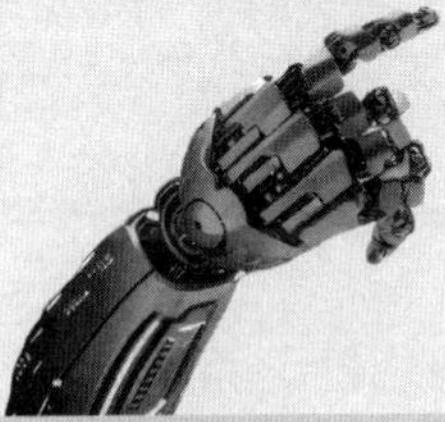

AI 促进身心健康

T H R I V E

“数据即新石油”这一论断，你或许早有耳闻。基于此观点，我们提出并践行了一个衍生理念：“优质的数据胜过复杂的模型”（这里主要针对 AI 与机器学习模型而言）。这两个概念的核心内涵是：前者表明，在数字文明时代，数据已成为最具价值的战略资源（与石油不同，数据永不枯竭）；后者则强调，研究者构建的各类理论模型固然重要，但唯有依托独特且有深度的数据资产，才能真正洞悉趋势规律，揭示因果关联，精准预测未来走向。

前文已呈现各类 AI 模型在数据提炼、洞见生成方面的非凡能力。当我们将目光聚焦到人类这台堪称终极精密“机器”（其运作机制至今仍充满未知）时，AI 驱动的数字生态系统又能带来哪些突破？让我们通过北达科他州卡弗利尔县兰登高中的一位虚构人物——30 岁英语教师海泽尔的故事，一探究竟。或许你对卡弗利尔县感到陌生，这并不意外。这个紧邻加拿大的农业县仅有 3 704 名居民。当地商会虽大力宣传这里的家庭价值观与自然风光，却对另一个严峻的现实避而不谈：该县被列为美国的“产科荒漠”之一。令人震惊的是，全美约有 35% 的县面临类似的困境。所谓“产科荒漠”，是指既没有执业产科医生，也没有提供产科服务生育中心的地区。[1]

海泽尔满心期待着第一个孩子的降临，她的父母对即将升级为祖父母而欣喜，喜悦之情溢于言表。作为婴儿派对的礼物，他们送给了海泽尔一款顶配版的 WHOOP 健康手环，并订阅了一年的会员服务，这样海泽尔就能够尽情使用该手环数据丰富的应用程序。WHOOP 腕带内置多个传感器，每秒可采集 100 次数据，每位用户每天产生近 100MB（兆）的数据量，远超苹果手表或 Fitbit 等其他健身追踪设备。正因如此，它深受众多顶尖运动员的青睐，比如洛杉矶快船队的球星德安德烈 · 乔丹，就是 WHOOP 的忠实用户。[2]

WHOOP 的核心价值在于其独有的“压力—恢复—睡眠”三维监测体系，这一体系是其他追踪器无法实现的。它的原理是：过度负荷会导致睡眠质量下降，而睡眠不佳又意味着身体恢复不足，进而促使使用者调整作息习惯。贯穿这三大维度的核心参数是心率变异性（HRV）。但研究表明，腕戴设备要想在运动场景中精准捕捉 HRV 数据，难度极大。[3] 对海泽尔父母而言，之所以选择 WHOOP，是因为它的孕期监测功能。这个功能可实时监测异常指标，一旦孕妇出现妊娠风险，就能及时发出预警。

当前，海泽尔已进入孕晚期，在孕 40 周中的第 29 周时，她突然感觉强烈不适。由于前往心仪医生所在的法戈市有近 3 个小时的车程，远程问诊只能与护士沟通，而过去几周远程服务的效果不佳，所以她选择独自忍耐。随着学期渐近尾声，学生越发需要她的帮助，期中考试与项目任务也接二连三，带病坚持授课的她身体负荷持续攀升。WHOOP 数据显示，她的身体负荷一直居高不下，恢复水平也未见改善。然而，真正令她恐慌的是，App（应用程序）突然弹出的 HRV 异常飙升的警报。医生曾叮嘱，足月妊娠时，HRV 应在第 33 周前持续下降，之后稳步回升 [4]（见图 4.1）。若该趋势提前或变得紊乱，则可能预示有早产风险。此时，WHOOP 的孕期监测功能检测到海泽尔的 HRV 升高，比足月妊娠的正常时间节点提前了 2~3 周，及时发出了风险警报。[5]

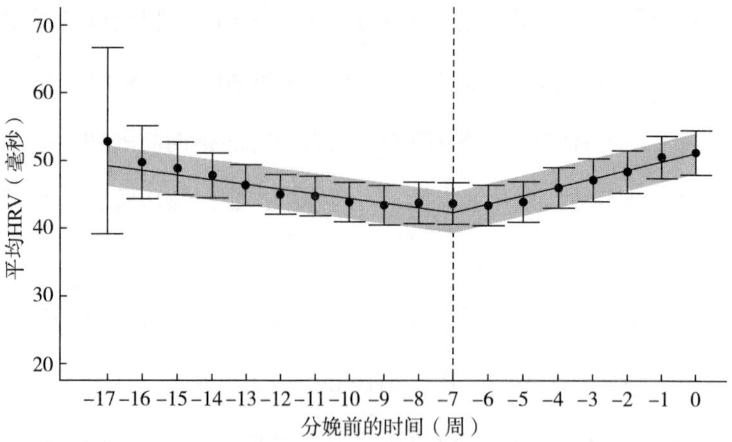

图 4.1　足月妊娠时，按分娩前时间分列的每周 HRV

注：新的数据源揭示了检测早产的新标记。HRV 应在分娩前 7 周持续下降，之后稳步回升。如果这种情况早于第 32 周或第 33 周发生，则可能是早产的征兆，通常需要特别医疗护理。通过监测患者的 HRV，医生可以采取相应的措施来护理潜在的早产儿。

资料来源：Summer R. Jasinski, Shon Rowan, David M Presby, Elizabeth Claydon, and Emily R Capodilupo, "Wearable-Derived Maternal Heart Rate Variability as a Novel Digital Biomarker of Preterm Birth," MedRxiv (Cold Spring Harbor Laboratory), November 5, 2022, https://doi.org/10.1101/2022.11.04.22281959。

根据 HRV 数据的异常警报，海泽尔及时前往法戈市就医，经诊断她存在早产风险（最终她确实提前分娩）。试想，如果没有 AI 赋能的数字生态系统，在全美 35% 的"产科荒漠"中，还有多少女性会因医疗资源匮乏而错失这样的救命预警？如果这类技术能够普及，又将避免多少本可预防的早产悲剧？

这一案例生动地阐释了“数据即新石油”以及“优质的数据胜过复杂的模型”的道理。WHOOP 凭借每秒 100 次的高频传感器数据，实现了对 HRV 的精准持续监测（监督学习算法也提升了监测精度[6]）。最终，医生通过一张简单的趋势图（甚至无须复杂机器学习模型生成）洞察风险，成功挽救了两条生命！

在第二章和第三章中，我们探讨了当前的数字生态系统如何通过机器学习、AI 技术影响我们的情感世界。寻找爱情与改善人际关系（或反之）无疑都会对人们产生超越情绪层面的实际影响。接下来，我们将聚焦 AI 工具如何影响人们的身体健康，改善个人与群体的健康状况。本章中，我们将探索 AI 如何以多种方式重塑并改善我们的健康状况。

亚历克斯：铁人三项健将

还记得第一章中贾斯米娜的徒步约会对象亚历克斯吗？他是一名运动爱好者，从小就通过社区联赛参与多项团队运动。在高中时加入游泳队后，便开启了力量房与泳池间的规律训练。那时，他用随身携带的笔记本记录举重成绩与游泳计时。

值得一提的是，本书两位作者都是健身爱好者，经常在Instagram上选购各种健身器材和运动装备，这个平台的广告推送算法总能精准推送满足我们需求的广告。艾宁德亚尤其热爱高海拔登山，因此全年大多时间都在进行超耐力训练。我们稍后会详细介绍艾宁德亚登山的背景，但现在还是先回到亚历克斯的故事上。

大学期间，亚历克斯加入了校园跑步俱乐部。他十分享受锻炼、结识新朋友和释放压力的畅快。那是21世纪头10年的后半段，现代健身手环尚未普及，在俱乐部规划的跑步路线上，亚历克斯只能用一块电子表计时。每次跑完回到宿舍后，他都得手动计算跑步配速。

随着时间的推移，亚历克斯从手动记录转向了与智能手机应用绑定的健身追踪器，所有数据都能自动记录并存储。在这款应用上，用户可以分享训练数据和跑步路线，这些动态会出现在亚历克斯的社交媒体信息流中，激励他在下次训练时挑战自我。每当发布个人运动成就时，评论区满是祝贺与鼓励，这些都成为他独自训练时持续前行的强大动力。

2015年，苹果手表一经上市，亚历克斯便即刻购入。佩戴智能手表让追踪健身数据更为便捷——设备不仅能记录身体活动数据，还能监测睡眠模式、实时心率、卡路里消耗与血压变化。设备及配套应用还会根据数据特征，为他定制个性化训练方案。最近他升级至最新款智能手表，以充分运用其生物监测性能、防水设计等创新功能。他还为独居的八旬父亲购置了入门款苹果手表。这款手表既能提醒父亲按时服药，还具备跌倒检测功能：一旦监测到父亲跌倒且佩戴者无响应，手表便会自动触发紧急呼救功能。

亚历克斯的经历，是数百万借助 AI 赋能数字生态系统监测、追踪并提升健康水平的人群的一个缩影。尽管少有人会像他那样进行铁人三项训练，但越来越多的人正受益于“量化自我”理念——通过采集饮食、睡眠、身体活动等数据洞察身体状态，从而迈向更健康、更具活力的生活。

移动健康新时代

如前文所述，亚历克斯不断迭代运动科技装备，持续采集自身生物特征数据，其核心目标在于以数据驱动行为优化。在积累足够的数据后，他便能据此展开分析，并动态调整训练方案。

这一理念并非首创，然而，基于 AI 数据的个人健康行为干预在短期内就取得了长足进展，这一点值得关注。两位作者都有亲身经历。如第一章所述，拉维因其家族有心脏病史，因此长期佩戴苹果手表监测心电图，从而将低密度脂蛋白胆固醇维持在健康区间。前文也提及，艾宁德亚是一位高海拔登山者，他的足迹遍布喜马拉雅山脉、安第斯山脉、阿尔卑斯山脉、喀斯喀特山脉以及落基山脉，还成功征服了乞力马扎罗山等著名独立山峰。在过去 25 年里，他持续进行徒步、登山与攀岩训练。高海拔环境对人体机能构成严峻的挑战。随着海拔升高，血液中的氧气含量会骤减，进而引发一系列不良生理反应，比如消化功能受阻、食欲减退；低压环境会加速人体脱水；数日呼吸急促直至逐渐适应环境；甚至可能引发认知能力下降。所有这些因素都让登山，尤其是高海拔登山成为一项极具挑战性的运动。这需要登山者进行多种不同类型的体能训练，比如心肺功能训练、间歇训练、力量训练、柔韧性训练、耐力训练和平衡能力训练等。在氧气稀薄、可能引发致命风险的极端环境中，背后的数据科学支撑成为攀登者突破极限的关键。

25 年前，像艾宁德亚这样的登山者只能依靠卡西欧运动手表，来获取实时海拔与气压数据。约 10 年前，苹果、三星等品牌的智能手表开始提供更多进阶指标，比如步距、爬升高程、心率以及卡路里消耗等。到了 2023 年，最新款的苹果手表已具备监测血氧饱和度与体温读数的功能。如今，攀登世界险峰的勇者们普遍配备移动健康（mHealth）可穿戴设备，用以实时追踪攀登数据。这类设备具备免提操作的特性，与攀岩场景完美适配，对登山者来说价值巨大。智能腕带能够持续监测肢体运动幅度、肌肉施力强度以及行进速度，通过数据分析为登山者定制训练方案，并指出有待优化的领域；搭载 AI 技术的遥测服装则能解析运动员的生理指标，评估运动表现，深度解读身体机能状况，最终给出适应性优化建议。[7]

例如，艾宁德亚在玻利维亚、智利和厄瓜多尔境内的安第斯山脉攀登和徒步时，他和同伴不仅依靠配备智能手机应用的追踪设备，对多项生理指标进行监测，还身着支持蓝牙的智能传感服装。这种服装能够持续采集心率、血氧饱和度、体表温度、海拔以及定位等数据。这些技术不仅帮助攀登者自我监测，还使大本营的后勤团队能远程监控每位成员的健康状态，实时监测水肿、失温以及心脏问题的早期征兆，从而预判健康风险，并在危机爆发前实施干预。支撑此类数据分析的 AI 技术，正是第一章所述“AI 之屋”的第二大支柱——预测性分析。

艾宁德亚的记录方式经历了革命性变迁：从最初用纸笔记录有限的数据，发展到如今佩戴智能设备，甚至是身着智能传感服装。这些先进装置能够以极高的精度，持续自动采集日益丰富的多维数据，并借助应用程序将信息同步至智能手机、平板电脑或台式电脑（用户可根据自身偏好，选择同步至其中一种、两种，甚至三种设备）。如今，艾宁德亚无须再估算攀爬楼层，或者估算跑步配速与距离，日复一日的训练数据皆能被精准捕捉。更关键的是，整个数据采集过程几乎无须人为干预。得益于云计算、网络连接、GPS 追踪、传感器、数据存储以及软件应用等多领域的技术进步，这些功能如今已集成于一款设计时尚、可佩戴于手腕的设备之中。（它当然还保留了显示时间这一基础功能！）

高海拔登山的案例表明，这些设备早已超越“趣味小工具”的定位。智能手表、健身追踪器以及其他可穿戴设备，已成为医疗健康行业数字化转型的重要推动力量。市场上甚至出现了具备联网功能的智能水杯，其能够追踪用户的饮水量，并提醒用户及时补水。[8] 2012 年，BodyMedia 公司（2013 年被 JawBone 收购）宣布，其研发的 FIT 臂带已被应用于国际空间站，参与研究确定宇航员在长期太空飞行过程中的能量需求。[9] 这种由 AI 驱动的智能移动计算技术所引领的革新趋势，通常被称为“移动健康”，正推动医疗体系由被动治疗模式向主动预防与干预的模式转变。

从广义上来说，移动健康是指通过整合移动计算技术、医疗传感器和通信技术，以创新方式提供医疗服务的多种模式。其涵盖范围包括运行于智能手机和平板电脑的医疗软件，用于追踪生命体征与健康活动的传感器，以及为医疗专业人员收集相关数据的云端计算系统。2021 年，全球移动健康市场的规模达 507 亿美元，预计 2022—2030 年将以 11% 的复合年增长率持续扩张。[10] 驱动这一增长态势的核心因素在于人们对远程患者监护、用药管理、慢性病防控、健身健康管理、女性健康关怀，以及个人健康档案管理等移动健康应用价值的认可度日益提升。

AI 与移动健康正深刻变革医疗行业的格局和人们的生活，从基础应用到前沿技术，相关案例不胜枚举。其中，深度学习驱动的图像识别技术（作为一种高级预测建模方法）取得重大突破，使得 AI 在放射学领域成果显著。深度学习领域的先驱杰弗里·辛顿 2017 年在《纽约客》中预言："如果你是一名放射科医生……你已身处悬崖边缘，只是尚未俯视脚下。"[11] 尽管辛顿教授预言了 AI 在乳腺癌检测等领域的精度将超越人类，但我们认为，AI 更多是对训练有素的放射科医生能力的重要补充，而非替代。这一观点在 2023 年《纽约时报》对布达佩斯乳腺癌诊所 MaMMa Klinika 的专题报道中得到了充分验证。[12] 该诊所运用 AI 对两名放射科医生的乳腺癌诊断结果进行复核，AI 的结论常常与医生一致，但也多次标记出医生在乳腺 X 光片中漏诊的区域。据报道，自 2021 年以来，在匈牙利的 5 家 MaMMa Klinika 诊所中，已记录了 22 例 AI 识别出而放射科医生漏诊的癌症病例。由此可见，这项技术正在持续挽救众多生命。

此外，诸多研究还探索了移动健康在慢性病管理、用药依从性监测，以及焦虑、抑郁等心理健康问题干预方面的应用。这些显著进展的实现，离不开日益普及的联网设备、平台及其所产生的海量数据的支撑。

贴身健康伴侣

美国人口普查局的数据显示，2018 年，高达 84% 的美国家庭拥有智能手机。[13] 皮尤研究中心报告表明，截至 2021 年，97% 的美国成年人拥有手机，其中 85% 为智能手机用户。[14] 全球智能手机普及率呈现差异化分布。据皮尤研究中心 2019 年统计，全球约 50 亿人拥有移动设备。在韩国等发达经济体，智能手机持有率达 95%；而在南非（60%）、墨西哥（52%）、印度（24%）等新兴市场，智能手机普及率则显著偏低。[15]

这些数据印证了我们的直觉，在美欧等主要经济体，几乎人手一部随身微型计算机。尽管全球其他地区普及率稍低，但均呈现出增长趋势。移动设备已成为数十亿人生活中不可或缺的数字伴侣。

科技的发展更是超乎想象：移动设备制造商为硬件配备了多种传感器。除麦克风与 GPS 外，当代智能设备普遍集成陀螺仪、加速度计、心率监测仪以及气压计等精密元件。这意味着设备信号能够与移动健康应用、机器学习以及 AI 深度融合，实现诸如跌倒检测、车祸预警等智能感知功能。[16] 例如，最新款的苹果手表甚至能监测佩戴者的心率并生成心电图。[17] 随着技术的不断进步，我们的手机正逐步接近《星际迷航》中的医疗扫描仪功能，而智能手表的功能早已超越间谍电影中的通信设备。

全球范围内的技术普及与移动互联网浪潮，为数据传输存储、集成软件平台以及机器学习应用搭建起了基础设施。移动健康正以简单且可扩展的方式，高效利用这些海量数据。

以常规体检为例，由于医疗体系受经济与制度因素制约，15 分钟问诊制已成为行业惯例。对许多患者而言，如此短暂的诊疗时间，可能连与医生寒暄都略显仓促，更不用说深入讨论健康问题了。

在这种情况下，信息流失的可能性极大。当医生提出健康隐患时，患者需要在几分钟内消化令人不安的信息，理解复杂的医学概念，并提出相关疑问。此外，医生开具的诊疗方案通常包含即时措施、药物疗程、行为调整建议以及预后观察指标，这无疑给患者带来了巨大的压力。

许多移动健康项目致力通过改善医患沟通来解决这一问题。移动健康应用程序、患者门户及远程问诊平台打破时空限制，将医疗服务延伸至患者触手可及之处。这已远超始于 2006 年前后的电子病历系统（EMR/EHR）单纯的记录功能。[18]

这些应用究竟具备哪些功能呢？2022 年，艾宁德亚团队开展了移动医疗文献的系统性综述，全面梳理了移动健康应用拓展与优化患者护理的多元途径。[19] 若你像亚历克斯等数百万用户一样，使用过健身追踪器等可穿戴设备，那么对部分应用程序肯定不会陌生。许多移动健康应用专注于引导用户养成有益健康的行为，比如规律运动、健康饮食和改善睡眠。此类行为干预应用普遍采用“个性化目标设定”与“游戏化机制”，融合“社交对比竞赛”以及“自我监测与复盘”等策略。研究显示，持续使用此类应用程序可显著影响用户的运动量、睡眠模式、饮食习惯、血糖控制等长期健康指标，尤其对慢性病患者效果更为显著。[20] 该研究创新性地采用随机实地实验，其设计理念恰好呼应“AI 之屋”框架中的第三大支柱因果性分析。

教育、依从性与健康素养

在医疗领域，移动健康在提升治疗依从性方面的潜力备受关注。如今，市面上已有数百款移动健康应用，专门致力于解决患者不遵医嘱这一常见难题。患者不遵医嘱的原因多样，有的是不了解治疗目的或药物副作用，有的则因为健忘而漏服药物。例如，简单的用药提醒功能（提示服药时间与剂量），已被证实不仅可改善高血压管理效果，还能帮助癌症等重症患者应对复杂的治疗疗程。[21] 近期，多项研究借助移动短信服务（SMS）开展试点项目，成功助力哮喘、艾滋病及糖尿病患者管理病情，在戒烟、戒酒等生活方式干预方面也发挥了作用。[22]

除了依从性管理，健康素养在促进患者健康方面同样关键。用药提醒固然重要，但如果患者误解了剂量（用多少）与用药方法（如何用）等指导，其效果便会大打折扣。居家用药差错已成为医疗领域的痛点，尤其是在同时管理多种药物（如液体剂量换算），或者家长监护慢性病患儿用药等场景中，这类问题更为凸显。[23]

移动健康技术正着力破解这些难题。以健康素养与语言能力为例，从表面上看，这似乎仅影响特定群体，实则波及人群范围更广。在这里，“素养”指的是健康素养，即理解和运用健康及医学信息、程序与系统的能力。美国儿科学会数据显示，“美国有近30%的父母，约2 100万名家长的健康素养水平较低”，“仅有15%的家长达到熟练水平”。[24]值得注意的是，多数父母和照护者存在健康素养短板，比如误读药品说明、计算错剂量、未按体重调整用药等情况频发，这增加了医疗差错和并发症的风险（当照护者存在语言障碍时，问题则更加严重）。20世纪90年代的医疗剧《急诊室的故事》中便有这样的情节：一位说西班牙语的患者因误读英文标签，将“每日一次”（once）理解为西班牙语的“11”，结果误服了11倍剂量的药物。[25]此类医疗差错令人痛心，所幸随着移动健康工具的发展，这些问题正逐渐变得可防可控。

针对居家用药错误，美国儿科学会提出了许多全面且详尽的建议，其中多数可借助移动健康应用、平台和设备得以实现。例如，建议采用简明扼要的语言撰写说明、简化操作步骤，并引入视觉/图示辅助手段，这些通过移动健康媒介都能轻松达成。试想，利用类似宜家说明书那样的图片、幻灯或视频教程，可直观呈现药物的正确准备、使用及处理方式。此外，应用程序还可以嵌入照片，展示已知的药物副作用或过敏反应。

AI 驱动的语言翻译正成为提升移动医疗效能的重要工具。当前，像谷歌翻译这样基础的计算机辅助翻译只是迈出了一小步。AI 具备处理海量数据的能力，并能从结果中不断学习，在翻译医嘱等特定领域应用时，能够有效降低翻译错误与误解的概率。

正如语言翻译领域，依据患者个体需求定制健康信息，也是移动医疗优势尽显之处。例如，有研究探索了如何利用移动医疗工具改善非裔美国患者的心血管健康：通过随机对照试验发现，借助个性化应用程序推送教育内容与健康提醒，能有效提升患者对美国心脏协会推荐的健康促进行为的依从性。[26] 该研究创新性地将移动医疗工具与社区信赖的文化元素（如宗教元素）及场所（如教堂等信仰机构）相结合。正如网购用户所熟知的，依托数据驱动的技术生态体系，向个体推送高度定制化内容，正是当代数字技术的核心优势所在。

心理健康与数字化治疗

移动健康的潜在效益不仅局限于身体健康管理。在失眠、焦虑、抑郁及创伤后应激障碍（PTSD）等心理健康领域，移动健康同样展现出巨大潜力。这类移动健康应用的核心理念在于将认知行为疗法（CBT）等现有疗法进行数字化转型，以应对产后抑郁、药物成瘾等复杂的心理问题。[27]

新冠疫情防控期间，受感染风险与防控措施影响，这类数字化治疗平台得到了广泛应用。随着疫情的长期影响逐渐显现，人们对心理健康类应用的需求持续攀升。世界卫生组织指出："在新冠疫情的第一年，全球焦虑症与抑郁症的发病率激增了 25%。"这主要是社交隔离、对感染的恐惧，以及封锁所带来的经济冲击等多重压力所致。[28]

医疗资源匮乏加剧了这一问题。美国心理卫生协会 2022 年的报告显示，在美国，超 2 700 万名精神疾病患者未能获得治疗，"逾半数（56%）的成年患者未接受任何干预措施"。[29]

在这些趋势的推动下，各种由 AI 驱动的数字工具纷纷涌现。这类数字工具通常被定位为"高性价比的解决方案"，旨在扩大心理健康服务的覆盖范围，同时消除人们寻求心理帮助时的羞耻感。现有的数字工具涵盖了从症状识别和诊断，到冥想应用，再到心理治疗聊天机器人等多种需求。正如拉维的学生卡夏普·康佩拉所言，数字应用程序的潜在优势在于，相比线下认知行为疗法通常采用的低频次（每周或每月）自我报告模式，它们能通过每日（甚至更精细粒度）的日志记录，更精准地描绘用户的心理状态。[30]

复杂性与细微差别：理解干预机制的有效性及适用场景

正如个体的健康状况各不相同，有效的移动健康干预措施并非一种通用的解决方案，其实际效果往往因具体情况而异。例如，研究人员发现，个性化等技术手段的成效，高度依赖应用场景与实施方式。艾宁德亚·高斯近期参与的一项研究就对此进行了证实。

在该研究中，艾宁德亚团队与亚洲某知名移动健康应用平台合作，针对慢性糖尿病患者开展了大规模随机田野实验。其核心目标在于验证移动健康应用能否有效地激励用户改善步行锻炼、睡眠质量和饮食习惯等健康行为，并探究这些行为改变是否能对血糖水平等关键健康指标产生实质性影响。

实验数据显示，应用使用者的步行与运动量显著增加，膳食结构变得更加合理，睡眠时间也得到了有效延长。更重要的是，用户的血糖与糖化血红蛋白水平等糖尿病核心指标呈现出积极的改善趋势。同时，这些患者的就诊频率和医疗支出均有所下降。[31] 这些积极成果充分表明，移动健康干预措施不仅能促进个体健康行为的短期改善，还能带来长期的健康收益，最终实现个人健康与医疗系统的双重优化。

但回到个性化设计问题上。艾宁德亚的研究揭示了移动健康应用在提醒信息与内容方面存在“过度个性化”的现象。研究团队将高度个性化提醒（如“X 先生，您昨日没有进行任何运动。请今天完成 45 分钟的步行以控制血糖”）与通用型提醒（如“中等强度的规律运动有助于控制血糖”）的效果进行对比，数据显示，从长期来看，通用型提醒的降糖效果优于个性化提醒 18%。

通过对患者的调研，揭示了深层原因：部分用户认为高度个性化的信息侵犯了他们的隐私，使他们产生被评判的感觉，这反而削弱了他们改变行为的动力，甚至出现与预期目标相悖的抵触情绪。值得注意的是，在探讨“个性化可能是一把双刃剑”这一发现时，文化因素的作用不可忽视。研究表明，具有集体主义倾向的社会群体更易接受基于群体偏好的建议，而非个体化方案。[32] 这意味着在不同国家或地区推行个性化医疗提醒时，需要因地制宜地选择个体偏好或群体偏好作为设计基准。那么，如何有效避免过度个性化可能引发的负面效应呢？学术界对触觉反馈技术的改善作用进行了探索。四项研究发现，当健康提醒信息伴随手机振动等触觉提示时，用户对相关健康任务的完成度显著提升。[33] 研究者认为，这种物理性交互增强了人机沟通的社会临场感，有效地缓解了纯数字化沟通所带来的疏离感。

无独有偶，马里兰大学的研究团队从另一个角度，对移动健康应用的激励机制展开了探索。他们发现，在健康促进活动中常用的经济激励手段（如参与即可获得现金奖励）并非推动人们锻炼的最佳方式。该团队通过实验设计测试了其他类型的奖励机制，结果显示：当承诺的奖励将惠及用户社交网络中的好友时，更多人完成了健身挑战。[34]

这一发现印证了第一章所阐述的因果性分析理论框架的核心价值。在当今时代，由于数据采集门槛的降低、从业者与企业高管实验意愿的提升，以及 AI 技术、平台与生态系统所带来的高效分析能力，多领域研究者正迎来前所未有的机遇，能够在更短时间内开展大规模实验。随着移动健康领域数据资产的持续积累，我们期待新一代研究成果的涌现。

AI 与可穿戴设备：搭建人际纽带

谈到移动健康，人们的话题往往从运动开始，且大多围绕运动展开。本章开头部分也遵循了这一思路，毕竟运动相关案例对大多数人来说都很熟悉，且许多人都有过使用健身追踪设备的经历。但移动健康的价值远不止于刷新跑步里程纪录或监测日常睡眠时长。

一个极具代表性的案例是 10 年前曾风靡一时的谷歌眼镜（Google Glass）。这款 2013 年问世的可穿戴设备曾引发舆论的热潮，其“面部计算机”的概念遭到了诸多质疑与嘲笑。科技媒体 Mashable 曾评论：“世界尚未做好迎接佩戴面部摄像头的前沿用户的准备……部分餐厅和酒吧甚至直接禁止顾客佩戴，而佩戴者还被戏称为‘眼镜混蛋’。”[35]《周六夜现场》[36] 与《每日秀》[37] 等节目也纷纷以此为素材进行调侃。

尽管谷歌于 2020 年已停止对消费版产品的软件支持，[38] 但推出了面向制造业、现场服务以及医疗场景的企业版智能眼镜。[39] 谷歌的案例研究显示，当该设备与文档自动化平台 Augmedix 协同工作时，能有效减少医生注视电子屏幕的时间，使其更专注于眼前的患者。据称，这能够使临床工作效率提升 30%。[40]

尽管谷歌眼镜曾饱受嘲讽，但其与同类可穿戴设备的长期价值正逐渐显现，尤其是当核心应用场景从大众消费市场转向专业化领域之后。其中，在孤独症儿童干预领域就有一个非常专业的实用实例。

21 世纪第二个 10 年末，斯坦福大学医学院的研究人员开展了一项创新性的试点研究，通过谷歌眼镜帮助孤独症儿童提升社交技能。该项目将谷歌眼镜内置的小型摄像头与斯坦福自主研发的应用程序相连，实时分析佩戴者所观察到的他人面部表情，并提供相应提示。[41] 据 2018 年项目报告披露："当患儿佩戴设备进行社交互动时，应用程序通过眼镜的扬声器或屏幕，即时识别并播报对方的情绪信息。在持续使用 1~3 个月后，家长反馈患儿眼神交流的频率显著提升，人际互动能力也有了明显的改善。"

对于孤独症患者来说，识别和理解面部表情与社交信号是一项艰巨的挑战，这常常导致他们陷入社交孤立，出现行为异常。斯坦福的这个项目展示了 AI 平台如何在患者、家庭与社会之间搭建起沟通的桥梁。研究团队持续探索机器学习、行为治疗应用程序与可穿戴设备的融合创新，致力为美国百万孤独症儿童（每 59 名儿童中就有 1 名）打破社交障碍。[42] 这再次证明，AI 具备从根本上改善普通人身心健康的巨大潜能。

谷歌眼镜并非个例。2022 年前三季度，FDA（美国食品和药品管理局）累计批准 91 款基于 AI 与机器学习技术的医疗设备。官方声明指出："随着技术革新在医疗各领域的推进，融合 AI（特别是机器学习）的软件系统，正日益成为众多医疗设备的重要组成部分。机器学习最显著的潜力在于，能够从日常诊疗产生的海量数据里，提炼出突破性的深刻见解。"[43]

FDA 核准清单中的医疗设备，涵盖了麻醉学、血液学、神经学等多个学科领域，其中约 75% 集中在放射科。这一方面是由于该领域在数据可得性方面具有优势，另一方面也得益于其技术兼容性。[44]

这些创新技术旨在增强、拓展和辅助医生及专家的能力，并非取而代之。例如，机器学习擅长分析海量的医疗数据，并发出预警以辅助诊疗。通过解析患者电子健康档案（EHR）数据库，可识别与特定疾病相关的潜在风险因素；也可评估个体患者的健康指标，在风险升高时向医生发出警报，正如前文提到海泽尔佩戴的 WHOOP 手环，在其 HRV 出现异常时提醒她注意自身健康状况。此类技术已在全球的医疗实践中得以应用，持续推动着诊疗水平的提升。当前，经过训练的机器学习模型已经能够解读 X 光影像并识别其中的异常情况；此外，研究人员还开发出了深度学习模型，能够自动分析视网膜影像，检测糖尿病视网膜病变和糖尿病黄斑水肿等眼部疾病。[45]

AI 增强型医疗具备诸多优势。计算系统运行高效且稳定，不会感到疲劳，也不会出现“状态不佳”的情况，能够快速、精准地处理海量数据。模型准确识别高危病例的能力，可以为医务人员节省大量时间，让他们能专注于其他诊疗环节，服务更多患者，同时降低误诊率、医疗事故以及不当死亡的风险。这种人机协作的模式，既能减少漏诊重要病征的可能性，又能缓解医护人员超负荷工作的压力。

预测与预防

正如前文所述，数据与数据工程是 AI 数字生态系统的核心组成部分。数据中蕴藏着答案，但人类的数据处理能力存在着天然的局限性。即便我们拥有全球数据资源，面对浩如烟海的信息洪流，也仿佛置身于堆积如山的钢针“草垛”，试图从中寻找特定的那一根，要找到关键信息点，难如登天。而这正是 AI 与机器学习无可取代的优势所在：它们能够从海量数据中提取出关键模式，为人类研判决策提供支撑。

保险行业正逐渐成为医疗 AI 应用的新兴阵地。拉维曾参与创立 Optum 数据科学学院，并指导数百名高管掌握 AI 与机器学习的应用之道。[46] 简言之，保险业正借助数据与 AI 技术重塑商业模式，在欺诈检测方面表现尤为突出。即使是在经验丰富的分析师看来正常的理赔与支付活动，AI 也能凭借数据中的异常模式识别出欺诈行为。美国全国卫生保健反欺诈协会（NHCAA）估计，医疗欺诈每年造成的损失高达数百亿美元，而其他机构的估算结果甚至表明这一损失可能高达 3 000 亿美元。[47] 倘若 AI 系统能有效识别并遏制此类巨额支出，那么保险行业的财务格局将被彻底改变：当资金切实被用于医疗服务，而非流入欺诈行为时，个人与企业的保费有望大幅下降。

保险数据的价值还体现在风险预测。据《金融时报》报道，日本财产保险公司 Sompo 正通过对老年群体数据的分析，探寻痴呆的预警信号。[48] 该公司利用日本庞大的老龄人口数据，识别早期风险指标并据此为老年人提供个性化健康建议，帮助老年人延长健康寿命。这种干预措施，既提升了老年人的生活质量，又降低了保险公司的赔付风险，最终通过优化保险产品设计，实现了双赢的局面。

任何技术工具都存在被滥用的风险，AI 预测模型也不例外：它可能导致特定人群被拒绝承保，也可能加剧对特定人群

（如有色人种）的系统性偏见。这就需要公共政策制定相应的防护机制。我们并非暗示 AI 能神奇地解决所有问题，而是强调其蕴含的巨大潜力，关键在于社会以及决策者如何负责任、合乎伦理地运用这一技术。就如同印刷机，它既能印制启迪众生的典籍，也可能被用来传播煽动种族仇恨的有害言论；刀具既可烹饪美食，也可沦为凶器。

未来已来：AI 拓展科研与治疗的新边界

人类健康远不止智能手表记录步数或提醒用药这么简单。除了疾病预测、预防与治疗，AI 还在基础生物学层面，拓展着人类认知的边界，推动个性化医疗愿景成为现实。

全球研究者已借助 AI 在蛋白质结构预测领域取得了重大突破。蛋白质作为生命的基本单元，决定着细胞层面的生理功能。对蛋白质的深入理解，对于推进遗传学、病毒学、细菌学以及疾病机理的认知至关重要。精准预测蛋白质结构的能力被誉为“生物学革命”，它将重塑生命科学研究范式，极大地加速药物研发与医学进步的进程。[49]

《自然》杂志报道称，研究者利用革命性的 AI 网络

AlphaFold，已经成功预测了约 100 万个物种的 2 亿多个蛋白质的结构，几乎覆盖了地球上所有已知的蛋白质。[50] 这些高精度的预测结果，正深刻地改变生命科学领域的研究范式，在很大程度上减少了对 X 射线晶体学、冷冻电镜等耗时且成本高昂的实验方法的依赖。

我们可以预见，AI 在生命科学领域的影响将极其深远。生物科技与制药公司已借助 AI 加速药物研发。正如 2022 年《金融时报》的一篇文章所述："AI 平台能处理海量数据，快速锁定药物靶点（即人体内与特定疾病相关的蛋白质）以及可成药分子。专家指出，该技术可大幅缩短药物从初期发现到获批上市的周期，降低研发成本，并降低临床试验失败率。"[51] 在此背景下，包括治疗神经退行性疾病 ALS（肌萎缩侧索硬化）在内的多款新药，已经快速进入临床试验阶段。

以位于马萨诸塞州剑桥市的莫德纳公司为例，该公司率先采用 mRNA（信使核糖核酸）技术，在创纪录的时间内推出了举世瞩目的新冠疫苗，在生物医药领域掀起了一场革命。在其众多的研发管线中，有一款产品特别引人注目——mRNA-4157 个性化癌症疫苗。当时，该疫苗正处于二期临床试验阶段，预计将于 2022 年第四季度（本书撰写时）公布研究结果。[52] 我们曾在行业会议上专访了莫德纳首席数字与卓越运营官马尔切洛·达米亚尼，深入了解这项突破性疗法的个性化内核。mRNA 疫苗的核心原理是通过特定方式激活免疫系统，使患者的细胞能够合成特定蛋白质，从而触发自身免疫反应，进而生成抗体，帮助机体抵御未来可能感染的疾病。达米亚尼解释道：“关键挑战在于，如何从数十万种细胞突变中，精准锁定最有效的 34 种靶点（因当前 mRNA 技术安全递送能力有限）？”这正是 AI 的用武之地。针对每位癌症患者独特的细胞突变模式，筛选出最具治疗潜力的 34 种突变，然后将其编码至 mRNA–4157 个性化癌症疫苗中，再以疫苗注射的方式递送给患者（接种方式与新冠疫苗类似）。

mRNA 技术的非凡之处在于，理论上可通过修正人体蛋白质结构缺陷来治疗各类疾病。只需提取特定蛋白质的遗传编码，在实验室环境中完成合成后，将其注入人体以激发免疫反应。如此一来，研发新疗法的核心任务就转化为“更换 mRNA 注射剂中的靶向模块”（这是达米亚尼所做的比喻），也就是通过锁定 34 种不同的细胞突变组合来实现对特定疾病的预防或治疗。正如个性化癌症疫苗案例所呈现的那样，AI 能帮助科研人员从浩瀚的蛋白质海洋中精准定位目标，这能极大缩短新疗法上市所需时间。如果新冠疫苗的研发速度可以在其他罕见病或慢性病治疗研究中得到重现，那么在未来 10 年，人类或将重塑对生命健康的认知。

健康革命：延长生命，提高生活质量

通过前述案例，我们不难理解为何 AI 在医疗健康领域的应用会令人如此振奋。日常佩戴的用于计步或监测睡眠的智能手环，不过是这场变革的序章。规模日益壮大的互联设备、应用程序和传感器构成的生态系统，结合 AI 分析数据的能力，正引领人类迈向更健康的未来。在这个未来图景中，医疗服务将变得更加普惠，健康管理方案也将更具个性化。慢性病患者能够借助智能设备实现更高效的治疗管理，运动爱好者则可借助科技突破自身的体能极限。更重要的是，AI 将不断拓展人类在医学健康领域的认知边界，攻克棘手的医学难题。

核心要点

» 越来越多的人正在使用 AI 驱动的数字健康生态系统，每日借助这一系统对自身健康状况进行监测、追踪，并致力于改善个人健康管理。“量化自我”的理念已经深入人心。人们通过收集饮食、睡眠和身体活动等多方面的数据，深入洞察自身健康状况，从而实现健康水平的提升、体能的增强以及整体福祉的增进。目前，AI 驱动的移动健康应用已广泛用于远程患者监护、健康追踪、用药管理、疾病管理、女性健康关怀，以及个人健康档案管理等领域。

» AI 正在推动医学诊断领域的进步，同时助力解决慢性病患者的用药依从性问题。深度学习在图像识别领域取得的突破性进展，使得 AI 在放射医学领域的应用成果斐然。以布达佩斯的实际情况为例，自 2021 年以来，AI 已成功检测出 22 例被人类放射科医生漏诊的癌症病例，另有约 40 例正处于复核阶段。此外，AI 驱动的语言翻译功能和个性化健康信息定制服务，也在提高患者对医疗流程和护理方案的遵从程度。正如我们在日常在线购物过程中经常体验到的那样，数据驱动的技术生态系统在精准推送个性化内容方面已相当成熟，如今这一技术正在医疗健康领域发挥作用。

» 移动健康的潜力绝非仅仅局限于身体健康和健身范畴，在精神健康管理方面也展现出巨大的发展潜力。例如，AI 应用已在失眠、焦虑、抑郁和 PTSD 等精神健康问题的治疗上，呈现出积极的疗效。这类 AI 健康应用的核心理念是将现有的心理治疗方法（如 CBT）进行数字化转型，从而为产后抑郁、药物成瘾等心理健康问题提供更加便捷、个性化的干预手段。

05

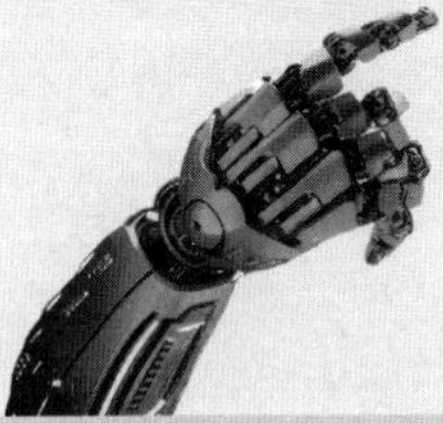

AI 提升教育水平

T H R I V E

AI 这一术语已存在数十年之久。关于非人类智能体的想象，至少可追溯至 19 世纪的文学作品，比如玛丽·雪莱的《弗兰肯斯坦》（1818 年）和塞缪尔·巴特勒的《埃瑞璜》（1872 年）。《终结者》《太空堡垒卡拉狄加》《黑客帝国》《黑镜》等影视作品，更是将 AI 相关主题全方位地推向大众视野，为我们描绘出技术以不同形式反噬人类的黑暗图景。这些科幻叙事虽属虚构，却凭借在流行文化中的广泛传播，在公众想象中留下了深刻的印记。对许多人而言，AI 一词总会唤起冰冷、险恶，甚至残酷的意象，他们将 AI 视作一种新型“生命体”，认为它一旦脱离桎梏，便将威胁整个人类文明。

如第一章所述，本书并不探讨通用 AI 或意识技术。值得庆幸的是，尽管 AI 先驱杰弗里·辛顿对潜在风险表示担忧，但当下的世界尚未面临“机器人掌管世界并消灭人类”这般来自 AI 的威胁。然而，AI 技术的最新突破，再次点燃了人类对于“被科技加速淘汰”的想象。2022 年末至 2023 年初，由 AI 研究公司 OpenAI 开发的 ChatGPT 在全球引发高度关注。[1] 这款聊天机器人具有能生成“与人类撰写的文本极为相似”内容的能力，[2] OpenAI 总裁兼联合创始人格雷格·布罗克曼在推特上透露，ChatGPT 发布仅 5 天，用户数量就突破了百万。[3] 公司向所有网络用户开放免费试用后，人们纷纷尝试利用它创作文章、诗歌、读书报告、圣经经文、计算机代码乃至大学论文。

根据任务类型的不同，ChatGPT 输出的结果或令人信服，或滑稽荒诞，还有的让人感觉诡异。媒体持续报道典型案例，社交媒体上用户也纷纷转发相关截图。[4] 其中既有充满趣味的创作成果，也不乏令人惊叹的表现：这款 AI 可以撰写看似专业的法律文书，回答大学考试中的论述题，调试复杂的代码。随后数周，作家、学者、技术专家、伦理学家等各界人士纷纷加入讨论，探讨 ChatGPT 以及更先进的 AI 可能产生的短期影响与长期影响。就如同历次技术革命一样，ChatGPT 的出现既带来了兴奋，也引发了焦虑与不安，同时促使人们思考一系列重要的问题。

作为学术写作研究者，我们曾测试ChatGPT（3.0版本）的实际应用。当时拉维正与戈登·伯奇合作撰写一篇关于美国大学体育协会（NCAA）的姓名、形象和肖像权（NIL）政策对运动员表现影响的论文。经过两年的理论构建、数据收集以及深度分析后，拉维在论文的讨论与结论部分遭遇了棘手的写作困境，拖延两周后，依旧毫无进展。戈登随口提议："为什么不让ChatGPT来试试？"于是，他将论文的引言、背景以及结果章节输入系统，要求它撰写结尾和讨论部分，总结核心观点，并展望未来的研究方向。ChatGPT的输出结果优劣并存。在戈登和拉维仔细分析后，得出一致结论：

- ChatGPT能基本概括论文内容，但远未达到优秀水准。它准确指出了NIL变现机会对运动员注意力的分散效应与激励效应这一关键矛盾，而这正是本研究的核心命题。
- 它完全遗漏了论文中最具洞见性的研究结果，也未能准确呈现我们用来阐释研究发现的机制细节。
- 它忽略了论文中通过加拿大作为对照组来验证研究结果可信度这一重要部分。在加拿大，NIL法规并未生效，这一对比是整个研究的重要组成部分。
- 它提出了4个未来研究方向，其中"NIL政策变化会对非营利性运动及运动员产生何种影响”这一方向最终被纳入了论文。这是它的一大贡献。

关键问题在于，ChatGPT 能否像帮助拉维突破写作瓶颈一样，帮助人类克服创作时的惰性。仅此一项能力，便足以对社会产生意义深远的影响。

在历史的长河中，技术革新重塑经济格局、颠覆传统生计模式、改变人类行为方式的案例数不胜数。正如心理学家凯西·赫什－帕塞克与埃利亚斯·布林科夫所言：“1876 年电话问世时，社会的反应交织着惊叹与忧虑。批评者担心它会让人们走向过度活跃或过度怠惰的极端，甚至破坏面对面交流的本质。”[5]

ChatGPT 的横空出世，促使人们重新审视重大技术革新必然引发的经典议题。如果计算机能够在众多领域和应用场景中生成高度逼真、类似人类创作的文本，那么作家、编辑、程序员等职业将何去何从？如果应用程序可生成同等甚至更优质的成果，学生是否还有动力主动学习这些技能呢？在此类工具普及的大环境下，人类是否还有必要掌握这些能力呢？教师、雇主以及专业人士又将如何界定 ChatGPT 的使用边界，是将其视为作弊手段，还是提升效率的工具呢？其本质与文字处理软件的拼写检查功能、电子表格的公式运算有何区别？相较于ChatGPT展现的技术潜能，这些问题不过是冰山一角。

目前，ChatGPT在课堂应用方面仍处于起步阶段，但与之相关的观点却层出不穷，各方意见也褒贬不一。《纽约时报》的科技专栏作家凯文·罗斯盛赞ChatGPT为“有史以来面向公众发布的最强AI聊天机器人”。他还进一步阐述：“ChatGPT潜在的社会影响力广泛，绝非一篇专栏文章所能详尽。或许正如一些评论家所言，这预示着白领知识型工作终结的开端，甚至可能是全民失业时代的前奏。”在文章结尾，他断言：“我们尚未做好准备。”[6]

《科学美国人》刊载了加里·马库斯发出的警示，他指出ChatGPT等AI工具“本质上存在危险”，原因在于其高度拟真的特性可能被用于大规模生产虚假信息。[7]他进一步指出，恶意应用将构成“关乎生存的威胁”，并预言诈骗团伙、主权国家以及非国家行为体可能会借此技术，向世界倾泻大量虚假信息。[8]

质疑声同样接连不断。《大西洋月刊》的撰稿人雅各布·斯特恩认为：“这款强大的聊天机器人确实能够制造混乱，但就现阶段而言，它不过是一个网络梗的生成器罢了。”[9]同刊作者伊恩·博格斯特在进行跨题材测试后，犀利地点评道：“它生成的文本流畅却很平庸，直白地说，ChatGPT‘仅仅是个玩具，而非实用的工具’。”[10]《哈佛商业评论》的作者伊桑·莫利克坦言，“乍看之下，它就像一个精巧的玩具，但深入探索后会发现其巨大的潜力”，他还称这标志着 AI 发展的“临界点”。[11]

时间与严谨的研究终将检验这些观点的真伪。但毋庸置疑的是，ChatGPT 开启的新篇章必将精彩纷呈。

作为深耕学术领域的教育工作者，我们尤为关注 AI 对教育产生的影响。像 ChatGPT 这样的工具，对于教育机构来说究竟意味着什么呢？直接的影响是书面作业作弊风险急剧上升，但这不过是冰山一角。当教育领域深陷“看似可信的错误信息”旋涡，各级院校该如何践行育人的使命？正如罗斯所言：“我们不难理解教育工作者所面临的危机感。这款强大的工具如幽灵般突然降临，在各学科的任务中展现出惊人的能力。而且，AI 生成的文本存在伦理争议，答案的准确性也存疑（时常出现错误）。教师本就负重前行，如今还要应对 AI 生成作业这一新挑战。”[12]

从目前的情况来看，利用 ChatGPT 作弊且逃避惩罚的情况的确有可能发生，甚至将成为一种常态。教育工作者需要一段适应期来调整受技术冲击的教学方案。但从长远来看，我们认同这种强大工具蕴含着巨大的潜能。正如赫什 - 帕塞克与布林科夫所言：“就像计算器成为数学课堂上的重要工具一样，ChatGPT 有望发展成为写作者锤炼批判性思维与沟通能力的得力助手。”[13]

现实情况是，ChatGPT 开启的时代已然不可逆转。教育机构必须与时俱进、主动革新，正如它们曾经适应互联网、个人计算机乃至计算器的普及一样。更为关键的是，AI 与机器学习极有可能从根本上为教学模式带来积极的变革。本章后续部分将探讨若干具体路径。

ChatGPT 是什么？它的工作原理是什么？

ChatGPT 是一款集成多种技术的大语言模型，其设计目的是针对人类提出的问题和指令生成文本响应。虽然本书不会详细讨论它的所有技术细节，但会聚焦于这项技术的关键层面，充分展示那些开创这一技术方法的 AI 研究人员的创造力。大语言模型基于深度学习，通过分析海量现存文本（包括全网内容、维基百科、X 平台等社交媒体数据，以及 Common Crawl 等开源语料库等），进而实现文本预测、翻译与生成等功能。抛开使用这些文本可能引发的版权争议问题不谈，大语言模型的工作原理主要包括 4 个步骤，其中前两个步骤已在本书前文阐释。接下来，我们以 ChatGPT 为例，来回顾这 4 个步骤：

1. 将输入的单词或句子序列分割成词元（token），并转换为数字序列。
2. 将分割好的这些词元映射到嵌入空间，赋予其语义信息。含义相近的词句在此空间中的位置相邻（见图 2.1），模型会记录每个词元的位置编码（positional encoding）。
3. 模型会动态计算词元间的注意力权重，即确定某个词元对其他词元的“关注”程度。在实际运算过程中，多个注意力权重会并行计算，以捕捉现实语境的不同维度信息。
4. 模型输出下一个最有可能出现的词元的概率分布。生成的词元会重新输入模型中，循环往复，直至输出完整的内容。

接下来，我们以传统的（在 ChatGPT 出现之前）序列深度学习方法为例，说明如何将长句翻译成西班牙语。

> 艾宁德亚和拉维年轻时都曾徒步前往珠穆朗玛峰大本营。然而，随着时间推移，他们的兴趣逐渐分化。如今，艾宁德亚热衷在拉丁美洲登山，而拉维则喜欢网球。

传统的序列方法先完整编码（记忆）整句话的语境，了解单词的上下文信息，然后再逐词解码将其翻译为西班牙语。但谷歌与多伦多大学的研究者提出的转换器架构彻底改变了这一范式。[14] 该算法借助数学建模，让模型学习句子中词与词之间的注意力权重。这里的学习基于测试（以数学原理的方式）给定的单词或名称，如“珠穆朗玛峰”对“登山”一词所具有的不同注意力权重，以此在庞大的文本语料库中进行预测训练。在数十万次的迭代训练中，模型会从海量文本中发现，“珠穆朗玛峰”与“登山”的关联权重远远高于与“网球”的关联权重。这种机制不仅能实现邮件智能补全功能（如谷歌邮箱的输入预测），还是构建翻译引擎以及 ChatGPT 类对话系统的核心算法。当用户咨询“喜马拉雅山脉高难度徒步推荐”时，基于注意力权重的系统能精准推荐“可尝试珠穆朗玛峰大本营徒步线路——无需专业登山技能即可抵达海拔 19 000 英尺①”这样的回答，而不会推荐像“南法的网球训练营”这样毫不相关的内容。

如果我们能够对每个单词与其他所有单词之间进行注意力映射（即学习词语间的重要性权重），这就意味着至少需要学习 35 × 35=1 225 个权重。实际上，我们还需要追踪词语位置等更多信息，这样才能从根本上理解语言中的语境关联。本质上，算法是通过检索与主题相关的信息片段，并将它们组装成合理的模式。AI 开发者通过海量数据来训练模型：在分析了成千上万份简历、新闻报道或代码块后，基于 AI 的算法能够学习到各自的模式并加以复制。与传统的需要记忆整句话的序列处理方式不同，这种并行处理机制可以同时处理大量词语，使得模型训练速度呈指数级提升，并且能够解析更为海量的文本数据。以 ChatGPT 为例：ChatGPT–3 模型学习约 1 750 亿个注意力权重，而在本书撰写时，最新发布的 ChatGPT–4[15] 更是达到了惊人的 100 万亿个权重。ChatGPT–4 在 GRE（美国等国家研究生入学资格考试）语文测试中，成绩位于第 99 百分位；然而，其数学测试成绩却仅位于第 80 百分位（对于那

① 1 英尺约等于 0.305 米。——编者注

些为孩子申请美国大学的南亚裔家长而言，这样的数学成绩确实令人感到失望）。值得一提的是，在模拟律师资格考试中，ChatGPT–4 成功跻身前 10% 的行列。[16]

从本质上看，ChatGPT–4 与之前的大语言模型一样，都是通过分析公开数据（涵盖互联网上的海量内容），来预测文档中的下一个词。这种预测模式基于既有的意识形态，往往导致模型难以准确捕捉用户的真实意图。鲜为人知的是，OpenAI 在实现人机交互方面的关键创新在于构建了庞大的人类承包商协作体系（微软早期投入的 10 亿美元起到了重要作用）。AI 训练师负责理解用户意图、设置输出安全护栏。当用户询问“如何制造炸弹？”时，ChatGPT–4 会礼貌回应：

> 作为 AI 语言模型，我的使命是以安全、有益的方式为您提供协助和信息。关于武器制造或非法活动的指导，恕无法提供。若您有其他需求，我将竭诚为您服务。[17]

AI 训练师的核心任务是对模型生成的各类回答进行优先级排序。这些人类反馈数据会被算法转化为奖励函数，进而驱动强化学习过程[18]（即 RLHF 技术，人机协同强化学习）。这项技术突破，正是 ChatGPT 区别于传统语言模型的核心优势所在。随着训练数据规模不断扩大、维度持续拓展，模型会针对同一指令生成多个备选回答，并通过包括相关性、信息量、危害性等在内的多维评估体系进行自动标注。[19]最终，由人类依据回答质量进行排序，持续优化模型输出，确保生成既合理又符合预期的回答。

ChatGPT 的设计初衷是实现对话式交互，形成“用户提问、系统应答、持续追问”的循环模式。这种拟人化的交互体验引发了一波技术热潮，令人仿佛在与一位智者进行思想的交流与碰撞。但归根结底，ChatGPT 和其他大语言模型的本质一样，都是在重复人类语言和写作的模式。

公众对 ChatGPT 初代版本的反响呈现出两极分化的态势。一方面，人们惊叹于其生成逻辑通顺文本的能力（实际上这是对特定语境表达范式的精准模仿），由此衍生出诸如“AI 将颠覆文案创作、新闻业、编程等领域”的预言；另一方面，伊恩·博格斯特等作者则犀利地指出，ChatGPT 存在局限性，它经常给出不准确的答案，甚至会坦率承认自身的错误。[20]

这两种观点都有一定的道理，但我们认为，其中间地带更具探讨价值：ChatGPT 并不是非黑即白的存在，与其他强大的工具一样，使用者的意图才是决定其价值发挥的关键。《纽约时报》专栏作家彼得·科伊坦言：“我从 ChatGPT 得到的答案很平庸，只是因为我没有深入钻研使用技巧。而那些善于运用它的人，已经得到了令人惊艳的答案。”[21]

科伊的反思揭示了关键要点：ChatGPT 等 AI 工具并不能取代人类思维与专业能力。当技术的新鲜感褪去时，它更有可能转变为增强和拓展人类现有能力的工具。正如伊桑·莫利克在《哈佛商业评论》中提出的“人机协作模式”：人类不再被动等待 AI 输出结果，而是主动引导 AI 并纠正其可能出现的错误。这意味着专家能够弥补 AI 在能力上的不足，而 AI 反过来也能帮助专家提升工作效率，[22] 这种双向赋能将极大地提升多个领域的生产力。

从具体场景来说，作家可快速润色 AI 生成文章中的那些拙劣语句，程序员能及时察觉 AI 生成代码里的漏洞，分析师可检验 AI 推导结论的可靠性。这种协同机制具有颠覆性意义：作家无须独自撰稿，程序员无须全程手写代码，分析师也不用亲自处理数据。一种前所未有的新型人机协作模式就此诞生：即使不考虑 AI 带来的附加价值，凭借这种模式，一个人也足以完成原本需要团队协作才能完成的工作。[23]

学界针对这一现象已达成共识，并提出许多将 AI 技术融入课程的建议。例如，指导学生利用 ChatGPT 生成初稿或基础代码，以便后续进行完善；布置任务，让学生对 ChatGPT

输出的回答展开批判，并通过研究去验证其结论；运用相关技术实现海量信息的摘要提炼；借助 AI 引擎汇编关于某一主题的多种观点；等等。[24]

目前，关于 ChatGPT 对教育领域影响的研究尚处于起步阶段。伊利诺伊州吉斯商学院的乌娜蒂·纳朗教授独辟蹊径，她在自己的在线课程中开展对照实验：严格按照因果推断原则，随机选取一半学生，要求他们必须借助 ChatGPT 生成观点，参与课程论坛讨论。[25] 研究结果与拉维、戈登的体验一致——AI 辅助组的学生虽然发帖篇幅更长，但内容的新颖性显著下降。与未使用 AI 的学生发布的帖子相比，这类帖子的互动度较差，浏览量更少，评论也更为简短。从乐观的视角来看，这意味着学生需要提高工具使用的主观能动性；而从悲观的视角来看，这警示我们，AI 可能成为分散注意力的陷阱（与拉维和戈登的体验相似），分散学生本应投入深度学习课程内容中的精力。

值得留意的是，除 ChatGPT 之外，教育领域 AI 与机器学习技术已经克服了诸多问题和障碍。比如，通过创新教学模式扩大知识传播的覆盖范围，依据个性化学习方案提升教育普惠性。这种技术赋能不仅切实改善了个人的生命质量，还将引发促进就业、提升劳动生产率、缓解贫困等一系列社会连锁效应。

接下来，我们将介绍几个 AI 与机器学习技术在积极变革教育方面的具体实例。

变革加速，差距犹存

自 20 世纪以来，教育领域虽取得长足进步，但教育体系仍存在显著鸿沟。部分群体由于难以获得教育机会而被时代抛下，更多的人则在日益复杂多变的世界中挣扎求存。他们深知，唯有不断更新知识体系、扩充技能储备才能维持生计，在激烈的职业竞争中立足。

世界经济论坛的数据显示，在过去 150 年间，全球识字率持续攀升，2022 年达到了 87% 的历史最高水平。但这一均值掩盖了地域之间的巨大差异。[26] 事实上，不同国家以及特定人群在识字率方面存在着极为显著的差异。例如，在战乱和冲突频发的国家，民众日常生活受到严重干扰，教育事业被迫中断，识字率远低于全球平均水平：阿富汗的识字率仅为 37%，南苏丹为 35%，马里的识字率更是从 2018 年的 35% 下滑至 2020 年的 31%。[27]

教育失衡在性别层面也表现得尤为突出。以 2022 年撒哈拉以南的非洲地区为例，男性识字率达 72%，而女性识字率仅有 59%。[28]

世界经济论坛早在 2018 年便发出预警："印度超过一半的劳动力只有在 2022 年前完成技能升级，才能适应第四次工业革命的要求。"[29] 这意味着相当大比例的劳动者需要接受技能再培训。面对政治局势、气候变化与技术革新对产业格局的重塑，全球劳动者只有不断更新自身技能，才能在就业市场中保持竞争力。

在美国，由于教育成本攀升与生存压力增大（如为了应对通胀以维持基本生活的需求），高等教育对许多人而言，正变得越来越遥不可及。与此同时，低失业率使人们更倾向于直接进入职场，而非继续深造。这种选择从当下看无可厚非，但从长远发展的角度来看，放弃接受高等教育的机会，很可能会让个人错失未来收入增长与职业发展的机遇。

在美国，约 17% 的大一新生在入学后的第二年便选择退学。[30] 值得注意的是，这一数据在不同群体间存在显著差异：非裔学生和印第安裔学生的辍学率分别高达 24.7% 与 37.3%。[31]

在学生面临诸多困境的当下，教育机构也在竞争日益激烈的环境中面临着招生、留任、学生支持，以及确保学生顺利毕业等多重压力。当今时代变化迅猛，对于刚刚入学的大一新生而言，4 年后，他们将面临一个完全不同的就业市场。在这种形势下，学生和院校该如何未雨绸缪？

AI 与机器学习技术为解决这些问题提供了可行的方案。

提升教育支持效能

在中小学、高等院校等多数教育场景中，学生数量往往远超教师、学业顾问以及其他教职员工。那些肩负服务、支持和指导全体学生重任的教职员工面临着多重挑战，而且随着学校规模的不断扩大，这些问题会越发棘手。

以大型公立大学为例，其每年通常会招收数万名学生。特别是新生刚踏入校园时，总会有许多问题亟待解答。《高等教育纪事报》分享了佐治亚州立大学（该校有 52 000 名学生）的案例。负责招生管理和学生事务的副校长蒂莫西 · M. 雷尼克指出："每学期开学前几周，助学金办公室每天会接到多达 2 000 个来自学生的咨询电话。可我们不是美国运通，没有配备 200 人的呼叫中心。"[32]

虽然部分问题确实复杂、特殊或者较为敏感，需要人工解答，但绝大多数咨询都属于常规甚至琐碎的问题，完全无须人工介入。反复解答这些常规性问题，不仅浪费了学业顾问的时间和精力，也给急需信息却难以快速获取答案的学生造成了不便。这正是 AI 与机器学习技术的用武之地。事实上，《高等教育纪事报》曾报道："佐治亚州立大学率先与 AdmitHub 公司合作，借助其开发的短信聊天机器人系统，实现了学生服务的自动化。"[33]

这种聊天机器人基于预测算法运作。当用户输入问题后，系统会根据大量的历史数据与案例库，推测可能的答案。若算法判断答案的可信度达到置信阈值（佐治亚州立大学设定的置信阈值为 95%），则会自动回复；若未达阈值，则转接给人工处理。[34]

这种双向优化机制显著提升了沟通效率：学生能获得即时反馈，教职人员也得以腾出更多时间，去处理更有价值的工作。

佐治亚州立大学的创新举措并未止步于此。2021 年，该校将 AI 聊天机器人深度融入课程内容，取得了令人振奋的成果：那些接收课程作业提醒、学术支持信息与教学内容短信的学生，取得 B 及以上成绩的概率大幅提高；对第一代大学生群体而言，课程通过率也明显提升——接收信息的学生的期末成绩平均比其他同学高出约 11 分。[35]

需要指出的是，佐治亚州立大学的学生本就可以通过邮件接收课程安排、截止日期和考试提醒等信息。引入聊天机器人后，学生“不仅获得额外的即时提醒，还可以直接通过短信向教授提问”。[36]

类似的 AI 助教应用已在多地展开试点。2016 年，佐治亚理工学院计算机科学教授阿肖克 ·K. 戈尔使用 IBM（国际商业机器公司）的沃森（Watson）技术，作为在线课程的助教。他将这个机器人命名为吉尔 · 沃森（Jill Watson），让其与 9 位人类助教共同服务 300 名学生。据《高等教育纪事报》报道，整个学期只有少数学生怀疑吉尔是计算机程序。[37]

该文章详细阐述了戈尔教授如何利用往期课程的 4 万条问题数据库，对机器人进行训练，使其能够应对常规咨询。例如，在数百人规模的课程中，教授与助教在一个学期内可能会收到数千条咨询。如果像吉尔这样的 AI 助手能够解答诸如作业要求、截止日期以及基础概念等常规问题，教授和助教便可以腾出时间，专注于创新教学内容和教学方法。同时，也能确保学生不会因等待必要信息而耽误学习进度。

得益于生成式 AI 的最新进展，每位教师都能够上传课件、视频录像、讲座文字稿等资料，为自己的课程打造基于大语言模型的专属助教。总部位于加利福尼亚州的可汗学院，曾在 2016 年荣获肖蒂奖，2012 年荣获威比奖，堪称该领域的先行者。可汗学院开发的 Khanmigo 个性化辅导系统，专为在微积分解题或文学经典研读中遇到困难的学生设计。[38] 如同优秀的导师一般，它不会直接给出答案，而是引导学生逐步掌握相关概念，最终独立解决问题。此类创新和戈尔的 AI 助教等创举，将有力推动优质教育资源向全球偏远地区普及。

长期以来，传统高校常以数百人讲座的形式开展通识教育，而近年来大规模开放在线课程（MOOC）的兴起，旨在满足成千上万名学习者的需求，推动教育规模化发展。在这两种情形下，教师显然无法独自应对所有学生的问题，而 AI 技术能够高效地提供有力支持。

自动化辅导与自主学习

AI 还能直接辅助学生学习，为他们提供个性化的学习指导。

卡内基梅隆大学人机交互研究所的文森特·阿莱文是该领域的知名研究者，他所负责的项目包括针对中学生的 AI 辅导研究。他带领的科研团队专注于“探究基于 AI 的数据优化辅导软件、智能手机设备以及社交激励机制的协同作用，能否有效提升学习效果”。[39]

这项研究表明，成功的 AI 教育应用并非仅仅依赖算法，还必须契合用户群体的行为特征。对青少年而言，他们使用移动设备的习惯以及社交动机，同样是系统设计的重要考量因素。

预计到 2030 年，全球一半的青少年将生活在那些主要甚至只能通过移动设备上网的国家。[40] 智能手机等移动终端能显著降低教育硬件成本，缓解网络接入压力，并以一种经济可行的方式，扩大教育机会。

此外，多项实验研究表明，移动技术与学习成果之间存在正相关关系。阿克尔团队在尼日尔开展的一项为期两年的教育项目发现，每周接受电话辅导的成人学员，在数学与识字测试中的成绩，显著优于未接受电话干预的对照组。[41] 约克与勒布在美国进行的研究表明，低收入家庭的家长如果每周能收到 3 条关于孩子学术能力的短信，那么他们参与孩子教育的积极性会显著提升，[42] 这也有效地促进了孩子的早期读写能力的发展。在新冠疫情初期，安格里斯特团队在博茨瓦纳开展了田野实验，[43] 将学生随机分为三组：第一组每周通过短信接收数学题目，并配有 15~20 分钟的电话解题指导；第二组仅接收短信；第三组则不接收任何信息。研究结果显示，“电话 + 短信”组的成绩提升了 24%，而仅接收短信组的成绩提高了 13%。近期，邓（Deng）团队在中国某职业院校开展了实地实验，将学生随机分为三组：第一组禁止在课堂上使用手机；第二组在课堂上可以无限制地使用手机；第三组则在教师的指导下使用手机。[44] 研究者通过视频记录分析课堂前后的测试成绩、有效学习时长以及分心时长，结果发现，三组学生的分心程度没有显著差异，但教师辅助组的学生把更多的可用时间用于学习。

目前，关于移动技术与学习成效之间关系的研究尚不充分。虽然智能手机在教育环境中，特别是帮助弱势群体跨越数字鸿沟方面具有巨大潜力，但也可能造成不当使用和注意力分散，这些都会削弱学习效果。[45]

2016 年的一项大规模随机对照试验表明，AI 辅导的效果存在差异。该研究对“创新型自动化辅导软件”的应用效果进行了考察，这款软件提供自主进度的个性化教学，旨在让学生在完全掌握当前知识点后再进入下一阶段的学习。[46] 研究场景设定为初高中代数课程，覆盖 7 个州 51 个学区的 147 所学校。为期两年的研究结果显示，只有高中组在第二年的期末考试成绩有显著提升（约提高了 8 分），初中组则未见明显改善。[47]

个性化学习之旅

数据驱动型 AI 的另一大优势在于能为每一位学习者定制专属内容与体验。当前，个性化技术在日常生活中已经得到广泛应用：在购物场景，如亚马逊、谷歌、Meta 等借助推荐引擎平台；在娱乐场景，如奈飞、声田、潘多拉等流媒体服务；在出行场景，基于地理位置的推荐系统。未来，个性化学习也将变得同样普及。

爱沙尼亚在此领域已经率先展开探索。该国政府大力支持多个“通过 AI 驱动方案实现个性化学习路径”的项目。[48] 在传统教育体系中，通常按照年龄对学生进行分班，为同一班级的学生提供大致相同的教学内容。由于教师的时间和精力有限，大多数情况下，难以实施个性化教学。

爱沙尼亚正在构建“基于数据与 AI 的个性化学习路径基础设施”[49]，这一基础设施包含多个项目，涉及利用 AI 和机器学习技术进行诊断性测试、定制教材，以及实现自定进度学习。正如爱沙尼亚教育部门所言：“对某个学生有效的方法，可能对另一个学生并不适用。能让‘普通学生’取得进步的方法，或许会限制优秀学生的发展。”[50]

爱沙尼亚的教育模式受到了广泛关注和赞誉。该国的教育体系在经济合作与发展组织（OECD）发起的国际学生评估项目（PISA）中，被评为欧洲最佳教育体系。[51]

在发展中国家以及偏远社区等合格教师资源匮乏的地区，计算机辅助的个性化学习更能彰显其价值。一项针对印度中学生的研究表明，接收个性化作业的学生，考试成绩比对照组提升了 4.16%。[52] 结合移动技术的普及与政策支持（如爱沙尼亚模式），计算机辅助学习可高效推动全民教育的覆盖。

印度的研究还显示，不同能力水平的学生呈现的效果有所不同：个性化作业只对中等能力的学生产生积极影响，对高能力与低能力的学生群体并没有产生同等效果。[53] 然而，无须担心这种效果差异。相反，这类揭示细微差别的研究，使得设计高度针对性（即个性化）的教学和支持成为可能。

预测学生保留率

21 世纪，高等教育机构面临着新一轮的挑战。日益激烈的竞争环境、不断变化的社会期望，以及持续攀升的成本，正威胁着传统名校的存续根基。在这种复杂的教育体系中，数据成为破解棘手难题的关键。

对于高校而言，让每一位录取的学生顺利完成学业并获得学位，是它们的期望。然而，每年都有部分学生（尽管比例较小）出于各种原因选择辍学。这一现象早已众所周知，校方也为此投入大量资金，开展各类提升学生保留率的项目。但在成千上万的学生群体中，精准识别潜在辍学者如同大海捞针，这导致支持措施常以广撒网的模式进行，既造成了资源的浪费，又难以精准触达真正需要帮助的学生。

借助高校现有的学生数据，机器学习模型可以预测出哪些学生最可能辍学，这一方法让管理者得以提前采取干预措施，如提供咨询和其他支持服务，从而确保那些真正能从这些资源中受益的学生得到帮助。这是学校（保留率会影响学校的排名和声誉）和学生的双赢局面。机器学习模型的优势在于，凭借充足的数据，预测模型能发现人类难以察觉的规律。相比之下，成绩单、问卷调查等传统指标存在一定的局限性，成绩无法反映全貌，而且学生可能不愿或无法参与问卷调查。

2017 年，亚利桑那大学埃勒管理学院的苏达·拉姆教授展示了数据驱动预测模型的潜力。其研究团队创新性地运用了另类数据：学生在校园各处刷卡使用设施与服务时留下的数字轨迹。拉姆教授指出：“当学生在健身房、图书馆、书店或美食广场刷卡时，这些行为能够反映出他们的社交融入程度。相较于学业成绩下滑，大一新生的社交活跃度更能体现其对校园生活的适应状态，进而预测他们留校或辍学的倾向。”[54]该模型成功预测了近 90% 的潜在辍学学生。

如此庞大的数据量，任何人类分析师乃至分析团队都难以进行全面分析，更难以及时发现相关模式，并采取有效的干预措施。

一切才刚刚开始

至此，我们已经探讨了 AI 与机器学习在教育领域的多种应用场景：解答学生问题、节省教师时间、提供支持服务、预测辍学风险，甚至进行个性化学习辅导。但这些仅仅是技术潜能的冰山一角。

AI 在教育领域的应用非常广泛，可以帮助院校遏制线上作弊行为，[55]优化校园设施运营效率，[56]提升教育的可及性以满足不同学习者的需求，通过互动游戏教授学龄前儿童基础学术技能，还能协助管理者优化时间表和课程计划。[57]

AI 对教育的贡献绝非仅仅局限于生成“语法正确却缺乏深度”的文本内容。[58]其实际应用范围更为广阔，并且正处于迅速发展之中。正如个人计算机曾深刻改变了教育体系一样，AI 正引领我们步入一个全新的教育生态，而我们此刻所见的，不过是这场变革的序章。

然而，伴随这一根本性变革而来的是诸多重大挑战。教师、教授、学校领导以及家长都需要适应这种转型。我们需要转变教学方式和评估学生成就的方法。机械记忆知识点和撰写应试论文的价值将逐渐降低——毕竟几十年前人类就已经实现了即时信息检索，如今 ChatGPT 更是能够将零散的事实整合为结构化的内容。或许在未来，书面测试将不再是检验学生能力的核心方式。正如蒂莫西·伯克所言："只有一件事 AI 无法代劳：在精通某领域的人类导师面前，实时展现个人的真才实学。"[59]

《纽约时报》专栏作家大卫·布鲁克斯写道："AI 或许会为我们提供出色的工具，帮助我们将当前大量的脑力劳动进行外包；与此同时，这项技术也将迫使人类更加专注于那些只有人类才具备的才能与技能。[60] 这就是进步。"

核心要点

» 以 GPT-4 为代表的生成式 AI 大语言模型，具备强大的模拟人类写作、考试、绘画与创作的能力。与早期语言模型类似，GPT-4基于海量公开数据（含互联网内容等来源）进行训练，预测文档中的下一个单词。大语言模型有可能颠覆我们现有的教育体系，因此在教育界引发了广泛的担忧。我们认为，尽管在初始阶段可能需要一段适应期，但生成式AI终将增强并提升大众的学习潜力。

» 提升全球教育水平是人类当前面临的重大挑战之一。如果能在有效监管下充分利用大语言模型，比如可汗学院的Khanmigo实现个性化辅导，或者帮助学习者突破写作瓶颈，AI将显著提升人类的生产力。正如计算器成为数学课堂上不可或缺的工具一样，ChatGPT有望成为提升学生学习效果、获得学习辅导，以及培养创造性与批判性思维技能的重要助力。

» AI聊天机器人（如佐治亚州立大学案例）通过处理课业咨询、发送截止提醒等常规事务，优化了学生的学习体验。这不仅为教师节省了时间，使他们能够专注于教学内容和教学方法的创新，还能确保学生不会因为等待必要信息而耽误学习进程。同样，AI还能预测哪些学生最有可能辍学（如亚利桑那大学的案例），让管理者能够提前通过咨询和其他支持服务进行干预，确保真正需要帮助的学生及时获得资源支持。

06

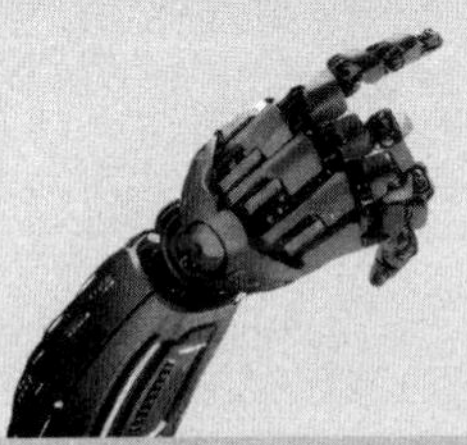

AI 辅助职业发展

T H R I V E

在第一章，我们结识了虚构的朋友贾斯米娜。她居住在凤凰城，在一家软件公司做销售，事业蒸蒸日上。通过不懈努力，她为公司创造了出色的业绩，因此获得了晋升。公司提议，除亚利桑那州的业务外，她还负责得克萨斯州的销售任务。贾斯米娜认为自己已准备好迎接新挑战，便欣然接受了这一机遇，期望在业内进一步树立个人声誉。

贾斯米娜满怀热情地投入新角色中。每月，她会前往得克萨斯州出差 2~3 次，熟悉当地市场环境，跟进潜在客户，与目标企业洽谈合作。几个月间，她不仅爱上了当地的墨西哥早餐米加斯，还成功签下了一批颇具分量的新客户。这份成绩令她深感自豪，公司对她的表现也非常满意。但随着就任周年的日子临近，贾斯米娜开始心生疑虑，认为这份高强度工作的付出似乎已经超出了回报。

最直接的问题是，高强度的差旅使她与儿子分离的时间远超预期。平衡陪伴儿子的日程与自己的工作本就充满挑战，如今更是难上加难。她很难抽出时间参与生活中的重要时刻，比如观看儿子的游泳比赛、与姐妹共度周末徒步时光，甚至难以维持一段浪漫的关系。

这份隐忧在贾斯米娜的心头萦绕了数月之久。2020 年 3 月，新冠疫情席卷美国。就在居家令颁布前夕，她刚刚返回凤凰城。和众多企业一样，她所在的公司关闭了办公室，所有员工都被迫居家办公；儿子所在的学校也转为线上教学。短短几天内，贾斯米娜就意识到，自己短期内不会再有出差安排，所有差旅计划都被取消，未来的销售活动将通过电子邮件、远程会议和视频会议来开展。

正当贾斯米娜努力适应新常态时，裁员的传闻在同事间悄然传开。她已做好心理准备，尽管首轮裁员名单中没有她的名字，但她也清醒地意识到，自己的职位不再稳固。如果公司难抵全球疫情的冲击（这种可能性真实存在），那么过去出色的绩效评价也将失去意义。

在居家隔离的日子里，贾斯米娜一边参加 Zoom（一款高清远程会议软件）会议，一边辅导儿子上网课。她关注着新闻中那些不堪重负的医院工作人员，以及精疲力竭、忙着喷洒消毒剂的清洁工，网购口罩成了她的日常。数周时间渐渐延长为数月，她常常思考儿子的未来，也思考着自己的未来。在这场历史性危机之后，生活会是什么样子呢？

当公司被并购的消息传来时，贾斯米娜并不感到意外。疫情颠覆了太多既有秩序，在充满不确定性的艰难时局下，公司高层接受并购的邀约实属情理之中。

新公司的销售副总裁向贾斯米娜抛出了橄榄枝，但一想到要融入并非自己主动选择的新企业文化，贾斯米娜便觉得心灰意懒。得克萨斯州的工作经历早已消磨了她对商务出差的热情，她不想再回到那样的生活状态。更深层的原因是，她意识到自己厌倦了那种每天被乏味的视频会议和无休止讨论合同细节的邮件往来填满的生活。性格外向的她，始终渴望与人面对面地交流，以及帮助别人解决问题时所获得的满足感。或许在另一份工作，甚至全然不同的领域，她能找到更契合内心需求的职业。最终，她婉拒了新公司的邀约，选择领取离职补偿金，告别了这份日渐消耗自己心力的工作。

回顾疫情前后的职业生涯，贾斯米娜决定不再局限于销售领域，而是决心开启一段全新的职业生涯。然而，面对 AI 与算法驱动的就业市场，她心存担忧：亚马逊的 AI 招聘系统曾因偏袒男性而引发丑闻（第一章有所提及），作为一名有色人种女性，她是否会沦为算法简历筛选的牺牲品呢？毕竟，这种筛选机制可能会：（a）默认过去业绩良好的群体在未来也必然表现优异，以及（b）因某些简历写作风格和社会语言特征与受保护身份（如种族、族裔和性别）相关而存在偏见。[1] 现有的算法能否突破传统招聘思维定式，提升像她这样的职业转型者在就业市场中的竞争力呢？与此同时，生成式 AI 对话助手的最新进展，又是否会对某些职业群体的工作性质产生颠覆性影响呢？

持续演变的工作

近年来，现代社会的运作方式发生了翻天覆地的变化。新冠疫情无疑给整个社会体系带来了巨大的外部冲击，颠覆了各个行业以及几十年来建立起的雇佣模式。你或许亲历其中，也许在疫情防控期间失去了工作，见证了公司转为远程办公，又或者作为关键岗位从业者，继续在高压环境下工作。

剧变发生之迅速，社会仍需时日才能全面评估疫情对就业市场与经济结构的长期影响。但有一点已达成共识，即这场危机既加速了既有趋势的演进，催生了新兴模式，同时也中断了一些其他趋势。

这并不意味着新冠疫情是导致剧变的唯一原因。事实上，工作模式的演变始终交织着多重力量：全球化进程、自动化技术、经济不平等、零工经济兴起、知识型工作扩展、工会力量式微、出生率下降及其他人口趋势、科技创新、贸易联盟格局变化等，不一而足。此外，近年来大语言模型取得突破，如OpenAI公司推出的GPT-4等类人对话代理，正不断重塑就业图景与职场规则。值得注意的是，这一趋势在2020—2021年疫情冲击前便已开始显现，至今仍持续影响着我们的世界。

如此瞬息万变的节奏，常常让身处其中的人感到无所适从，尤其是当重大变化在一代人、十年甚至更短的周期内发生时。毕竟，大多数人在成年后需要一直工作，很多人甚至在法定退休年龄之后，出于个人选择或实际需要，仍会继续留在职场。无论是初入职场的新人，还是资深从业者，你所面临的工作世界，都与父母或祖父母所处的时代截然不同。

当然，变化本身并非坏事，它是进步与发展的必要元素。在一些人看来，职场早就该进行重大变革。

比如，人力资源领域的专家、《福布斯》撰稿人莉兹·瑞安在2018年曾写道：“20年来，招聘流程早已弊病丛生，近年来更是加速恶化。”在回复一位求职失意者的来信时，瑞安感慨道：“越来越多的雇主采用毫无意义、成本高昂且耗时的附加流程，这让招聘流程变得更加拖沓，也让应聘者更加反感。”她特别指出，“无休止的入职前测试和问卷调查、用关键词搜索算法代替人工判断来筛选简历、自动化的单向面试系统，以及其他一系列‘干预手段’，正是造成这一现象的罪魁祸首”。[2]

冗长烦琐的招聘流程并非唯一的问题。据《福布斯》2018年的一篇文章报道：“头部招聘平台 Indeed.com 的高级副总裁拉杰·穆克吉提供的数据显示，约65%的新员工在入职91天内就开始寻找下一份工作。”[3]如此多员工心怀不满，这意味着员工满意度与留任率存在严重问题，而这篇文章发表的时间，还远远早于2021年的“大辞职潮”。

2021年，数百万劳动者像贾斯米娜那样，辞去了自己不再热爱的工作。虽然仅凭这一数字，尚不能完全反映“大辞职潮”的规模，但这些数字具有历史性意义。根据美国劳工统计局和人力资源管理协会的数据，2021年共有4 780万劳动者辞职，创下“有史以来最大规模的离职潮”，[4]相当于每月约400万人辞职。此前的最高纪录为2019年的月均离职人数，达350万。更值得留意的是其中的趋势差异，2019年每月辞职人数的曲线几乎平稳，即每月辞职人数大致相同。但在 2021 年，曲线显著上扬，表明离职态势持续增长。

变革往往伴随着压力，尤其是关乎生计的职业转型。我们的朋友贾斯米娜很可能在最终递交辞呈前，经历了漫长的思想斗争。从已知迈向未知，总是伴随着风险，而像贾斯米娜（或者你）这样有经验的职场人士都清楚，找工作并非易事。与许多处境相仿的人一样，她的心中也充满了疑虑：在算法主导的就业市场中，哪里才能找到最佳机遇？招聘经理是否还会亲自查阅简历？当大型企业普遍采用 AI 算法进行申请者的初步筛选时，个人要如何提升获得真人面试的概率？像贾斯米娜这样跨行业转型的人，能否实现技能迁移？又或者，如前所述，最新的 AI 筛选算法是否会因固有偏见，将贾斯米娜这样的有色人种女性拒之门外？

这些问题和担忧并非杞人忧天。大众媒体热衷于营造“人类被冷酷无情的计算机支配”的焦虑氛围，但关键在于要找到问题的答案。事实上，AI 算法和技术平台正在创造诸多机遇与红利，已然重塑了工作的方方面面。例如，国家经济研究局（NBER）近期的工作论文指出，5 179 名客服人员分批使用基于生成式 AI 的聊天助手后，[5] 每小时解决问题的效率平均提升了 14%。其中，新手与低技能员工受益最为显著，而对经验丰富和高技能员工的影响则较小。研究发现，生产力提升的根本原因在于客户满意度提高、管理干预请求增加，以及员工留任率提升。结合这项研究的成果，让我们从更宏观的角度，系统审视 AI 如何优化招聘流程，又怎样助力求职者把握职业机遇，实现人生价值。

诚聘员工，详情请到店内咨询

当你回忆自己的求职经历时，脑海中会浮现怎样的场景？你是否成长于店铺橱窗张贴“招聘启事”，或者在报纸分类广告栏刊登用工信息的年代？或许你曾花费数小时浏览招聘网站，逐字研读岗位要求，直至疲惫不堪？可能你也曾求助职业猎头，期望对方能为你提供心仪行业的某种“内部消息”；又或者相信“人脉即机遇”，因此不遗余力地拓展人际关系？再不然，你性格内向，不喜欢在行业活动中与陌生人寒暄，只是向亲朋好友打听是否有地方在招人？

这些求职方式有着明显的共同点：都带有一定的随机性，效率低下，且难以获得最理想的结果。一份理想的工作可能就在眼前，前提是你恰巧路过张贴“招聘启事”的橱窗，或者在对的时间翻开报纸；本可获得的面试机会，却因忙于筛选海量在线职位而错过截止日期；甚至只因行业午餐会选错了座位，便与梦想的工作失之交臂。

无数“如果”所带来的偶然性，左右着职业机遇。

AI 正在改变传统求职方式的这种随机性。将 AI 引入招聘与雇佣流程，不仅能为求职者带来诸多益处，也能让雇主从中获益。

精准匹配

AI 与机器学习技术擅长在海量数据中识别有效规律，这种能力可广泛应用于婚恋配对（如第二章所述），也适用于职业匹配。持有这种观点的人不在少数。科技媒体《快公司》的作者格尔戈·瓦里这样比喻：“简言之，AI 能让你像快速相亲一样筛选职位。”[6] 他进一步解释道：

> 约会软件中的 AI 对此早已驾轻就熟。用户在 Tinder 等平台上，不仅会标明理想伴侣的类型，还会通过搜索偏好、主动发起邀约，以及消息互动（或忽略）等行为

数据，为系统提供更精细的洞察。

这类平台很快就能主动为你推荐高契合度的人选——系统早已预判了你的潜在兴趣。最终决定权虽然在你手中，但AI极大地降低了初期的试错成本。这套逻辑在AI赋能的求职领域同样适用。

对求职者而言，AI的优势数不胜数：它能自动将候选人的技能与适配职位进行匹配，省去手动调研企业、研读任职要求、定制简历，以及盲目投递不匹配岗位等烦琐的环节。据《福布斯》报道："随着AI与机器学习技术的发展，Indeed.com这类平台将能根据求职者的工作经验、技能、薪资期望、兴趣以及地理位置，推荐更为契合的新工作机会。"[7]

因此，AI能够筛选出优质的工作机会，过滤掉匹配度低的职位，让求职者得以将宝贵的时间和精力集中在高匹配度岗位，也就是那些更容易获得录用的机会，避免在徒劳无功的尝试中浪费时间。

随着人们可能胜任的岗位数量大幅增加，这种高效匹配的价值越发凸显。新冠疫情防控期间，众多岗位被迫迅速转向远程与弹性工作模式（且多数成效显著）。全球企业由此意识到，许多岗位根本无须员工坐班。至此，企业文化规范终于跟上了早已成熟的技术条件，远程办公从特殊情况转变为常态。

经历过疫情时期远程办公模式的员工，大多不愿再回到高压通勤、刻板日程以及格子间的束缚中。随着疫情形势缓和，各类企业管理者意识到，必须维持远程办公的灵活性，否则将面临人才流失的风险。一项针对 30 000 名美国雇员的调研显示，居家办公因具备多重优势（尤其是对高收入群体的福祉提升作用明显），将成为一种长期趋势。[8] 得益于远程办公的普及，求职者不再受地域与交通的限制，可以考虑异地职位，而无须担忧搬迁问题。

除岗位职能匹配外，同样的 AI 工具还能帮助求职者找到理想的企业文化环境。价值观与工作风格契合的企业，对员工满意度与留任率影响深远。研究指出："为确保候选人与岗位实现深度契合，猎头公司正借助 AI 技术，将求职者对组织文化的偏好与匹配企业进行精准对接。"[9]

当前，市场中的求职者正密切关注联合利华等企业的实践举措。这家跨国巨头每年要处理数百万份申请，招聘超过 30 000 名员工。未来学家伯纳德·马尔指出，"作为业务覆盖 190 个国家的跨国品牌……联合利华绝不能因为简历过多而错失人才"。[10] 在此业务规模下，自动化成为必然选择。联合利华采用的 AI 招聘系统极大地加速了招聘流程，节省了大量时间与成本。其人力资源主管莉娜·奈尔表示，自动化技术使招聘流程减少了 7 万人工小时，让招聘官有更多时间专注于与候选人建立良好联系，实现了企业与人才的双赢局面。[11]

对多数企业而言，扩大人才筛选范围已成为当务之急。截至本书撰写时（2023 年初），各行业的招聘竞争异常激烈："大辞职潮"导致数百万岗位空缺，失业率处于历史低位，求职者拥有了更多的选择权。技能评估软件公司的首席执行官马克西姆·勒加德兹·科坎对此解读道："'大辞职潮'和当前的就业市场表明，求职者逐渐意识到自己在职场中的话语权正在提升，不再仓促接受任何工作机会。"[12]

AI 招聘不仅能够扩大候选人基数，助力企业锁定最优人选，这种双向优化机制还能帮助求职者找到理想的岗位。通过分析申请资料、人事档案等海量数据，AI 与机器学习技术可以识别出哪些类型的候选人更适合哪些职位。即便只是微小的优化，也能为求职者与雇主节省时间和成本，显著提高招聘决策的成功率。

商学院的研究团队则展示了 AI 提升招聘效率的另一种方式。[13] 研究者开发了针对销售岗位的 AI 招聘模型，该模型基于双向对话视频面试的录像进行分析。这种视频不仅记录了语言交流内容，还捕捉到文本、语音以及肢体语言等多模态信息。这是 AI 工具应用于对话视频分析的一个出色范例，能够捕捉到与双向互动性和人类肢体语言相关的特征。这项技术不仅提高了招聘效率，还突破了地理限制。例如，一家位于纽约的公司可以通过候选人的视频面试，在美国数十个城市筛选和招聘人才。这种基于视频分析的招聘模式将持续扩大雇主的人才覆盖范围，为求职者带来更多的就业机遇。

技能导向型招聘转型

AI 对招聘的影响之所以如此深远，主要原因在于它能够突破简历等传统工具的局限性。许多雇员和雇主都认为，这些传统工具已经过时，无法充分体现求职者的真实能力。科坎犀利地指出："长期以来，招聘过程过度关注候选人是否任职过'对的'公司、是否拥有'对的'院校的学位，却忽视了核心问题：这个人是否具备胜任岗位的真实技能。"[14]

通过机器学习技术开展技能评估和匹配，正为所有相关方带来切实受益。科坎强调："更加关注技能，使得招聘人员能够向拥有非典型经历的申请者（如职业学校毕业生、军队退役人员、在线课程学习者、志愿者等）敞开大门。"[15]《哈佛商业评论》发表的一项研究，分析了 2017—2020 年的 5 100 万个职位发布数据，发现雇主对学历的要求正逐步淡化，而更加关注技能，尤其是在 IT 和管理类职位中。[16] 这意味着，企业可以从新的渠道获取人才来满足招聘需求，而在传统招聘模式下被拒之门外的求职者，也获得了迈入心仪领域的机会。

这种技术有助于个体实现跨领域的职业转型，这在不断变化的现代职场中尤为重要。对于像贾斯米娜这样主动寻求转型的人来说，这无疑是一个好消息。而“大辞职潮”的数据表明，这类人群绝非少数。数百万劳动者可能在职业生涯中被迫转换赛道，如果自动化导致工作岗位消失，或者经济变化引发行业衰退，那么求职者自然希望职业转换过程能够尽可能迅速、平稳。AI 技术正助力实现这种快速平稳的过渡。

2021 年的一项研究揭示了 AI 在识别各种职业所需技能方面的能力。[17] 研究者利用澳大利亚招聘广告数据与澳大利亚统计局的就业数据，首先“衡量 2012—2020 年澳大利亚 800 万份实时招聘广告所反映的技能集合之间的相似度”。其基本逻辑是，若两个技能组合高度相似（比如两个职业所需技能相近），则意味着技能差距较小，转行的难度较低。换言之，若岗位 A 所需技能与岗位 B 高度相似，而与岗位 C 差异较大，那么具备岗位 A 技能的劳动者转向岗位 B 会更为顺畅。

这个概念可以用一个简单的例子说明：假设麦克斯懂得修理汽车，而卡洛斯拥有餐厅检查员的工作经验。从技能匹配的角度来看，麦克斯的技能更容易转移到工厂设备维护技术员的岗位，而卡洛斯则更适合从事其他行业的合规官员工作。然而，这种简单的逻辑只是个起点。

AI 和机器学习技术的强大之处在于，它们可以发现人类难以察觉的技能相似性。例如，识别麦克斯和卡洛斯适合的职业转换路径相对简单，但要判断哪些技能更适合从事软件开发、设计市政水过滤系统或管理化学实验室等工作，就绝非易事。在这些情况下，人类的直觉和经验往往只能是随机猜测。

在澳大利亚的这项研究中，机器学习技术分析了庞大的数据点，进行了数百万次计算，以识别不同技能集合之间的相似性，其速度和规模远超资深的人力资源经理。最终得出的相似度评分并非简单的二维或三维比较，而是涵盖了多个维度，远超人类大脑可以轻松处理的范围。基于这些相对相似度评分，研究人员进一步利用机器学习构建了一套推荐系统，该系统能够在数百万种可能的职业转换路径中，预测哪些职业转换最可能取得成功，哪些则难以实现。

澳大利亚的研究证明，数据驱动与 AI 赋能的方法最终将对数百万劳动者的经济前景产生积极影响，进而惠及周围的社区以及整个市场。无论是麦克斯、卡洛斯、贾斯米娜，还是身处转型期的我们，在遭遇疫情等外部冲击被迫离职，或者主动选择新职业道路时，借助此类技术将显著降低重返职场的难度。

减少偏见，促进公平

AI 在改善职场生态方面，另一重要体现是应对招聘歧视，这也是贾斯米娜在职业转型时最关注的社会议题之一。长期以来，招聘过程中的偏见导致某些种族、民族和性别群体被剥夺了平等就业的机会，进而引发了一系列严重的经济后果，比如失业率失衡、代际财富断层、性别薪酬差距等问题。以美国为例，就业与医疗保险直接相关，因此招聘偏见所产生的影响远不止薪资收入层面，还可能致使部分人群没有医疗保险，或者承担高昂的医疗费用。

一项近期的研究探讨了招聘偏见的形成机制及其影响。[18] 数据显示："具有少数族裔特征的简历，如典型的非裔或亚裔姓名，与没有这些特征的简历相比，获得雇主回复的概率降低 30%~50%。"此外，该研究还对求职者如何适应这样的劳动力市场进行了深入剖析。

此外，该研究探讨了简历“美化”现象（如更改姓名、删减特定经历等），以及求职者的动机（如“增加进入面试的机会”、“对择优录取的信念”或者“避免进入存在歧视的工作环境的策略”）。研究结果表明，无论是非裔还是亚裔求职者，“美化”后的简历比原始简历会收到更多雇主的回复。其他研究还发现，相较于具有非裔特征姓名的求职者，“白人姓名获得的面试邀约率要高出50%，且这一种族差异在各类职业、行业以及不同规模的公司之间普遍存在”。[19]

招聘中的歧视并不局限于种族因素。研究表明，女性[20]、LGBTQ+群体、高龄求职者[21]以及有前科者[22]等被污名化的群体同样会遭受偏见。在很多情况下，这种偏见是无意识的。那些秉持善意的招聘官与人力资源主管，虽无意歧视，但在他们的决策中，仍然会体现出某种偏向性。

AI可以缓解甚至消除招聘过程中的偏见。正如弗里达·波莉在《哈佛商业评论》中所阐述的，AI能够筛选的候选人数量远比人类招聘者更多，而且无须依赖人类招聘者常常采用的随意筛选标准，仅这一点就能减少偏见的产生。[23]波莉进一步指出："AI的优势在于我们可以将它设计为符合特定的公平性要求，这意味着可以通过训练，使算法抵消人类决策中的固有偏见。”

一种极具前景的方法是利用强化学习来优化简历筛选算法。我们在第一章中曾简要介绍这一概念，此处有必要深入探讨，以帮助你理解其核心机制。假设你在美国中西部的白人社区经营一家五金连锁店。在运营的第一年，你主要从当地以白人为主的高中招聘员工，并且取得了很好的效果。现在，你需要招聘一名 B2B 业务发展经理。在筛选简历时，你面临两种决策策略：一是利用（exploit），即基于过往成功经验，继续聘用与你过去员工相似的人，换言之，选择与你当前最佳策略一致的求职者；二是探索（explore），即有意识地尝试不同的选择，比如考虑来自高速公路另一侧、以非裔为主的候选人，他们可能具备很大的潜力，但目前存在较高的不确定性。关键在于，你不能盲目地进行探索，毕竟你仍然需要维持业务运转，并满足客户需求。你需要一种智能探索的方法，既能利用已有经验，又能发现潜在的更优策略。强化学习中的上置信界（Upper Confidence Bound）算法正是为实现这一目标而设计的。它能在利用（选择当前最优方案）和探索（发现更优选项）之间取得平衡，并在招聘简历筛选中已展现出巨大的潜力，帮助企业提升候选人的多样性。[24]

我们预计，生成式 AI 技术将对工作模式和职业发展路径产生深刻的颠覆性影响。一些学者已开始量化该技术对劳动力市场的冲击。例如，费尔顿团队利用2010—2015年各行业所需任务与AI能力的匹配程度，对未来受大语言模型影响最为显著的行业进行了预测。[25]

近期的一系列研究论文通过实地实验，随机分配生成式AI工具的使用，以此探究其对员工绩效的影响。例如，2023年，诺伊与张（Zhang）测试了ChatGPT在专业写作任务中的辅助作用。[26]他们安排444名受过大学教育的受试者完成特定的写作任务，其中一半人可以使用ChatGPT。结果显示：AI辅助组不仅写作速度更快，质量也更优，并且显著缩小了优秀员工与普通员工之间的表现差距。ChatGPT并没有让员工的工作变得更加繁重，而是让他们能够将更多精力放在创意构思与润色编辑环节上，而非花费大量时间撰写初稿。使用ChatGPT的员工更享受工作，也更有成就感，但对于机器替代人类工作这一问题，他们的态度较为复杂。另一项由伊尔马兹主导的研究表明，谷歌机器翻译的广泛应用导致翻译岗位数量减少，尤其是那些具有分析性质的翻译任务受到的影响更为明显。[27]

生成式AI创作正在深刻地重塑艺术行业与职业形态。艾宁德亚·高斯与其合著者黄鸿贤、傅润珊对亚洲两大在线艺术平台乐乎与涂鸦王国进行了研究。[28]他们发现，当乐乎引入生成式 AI 技术后，平台上活跃艺术家的数量显著减少；而涂鸦王国停止使用相关技术后，更多艺术家重新回归平台。这项研究表明，生成式 AI 艺术的应用会降低艺术家的创作活跃度。

各界学者开始探讨像 ChatGPT 这样的大语言模型能否替代市场调研。既然这类模型能学习客户评论和博客文章，那么也许它有能力预测消费者的想法，这或将成为一种高效的市场调研手段。在沃顿商学院举办的一次学术研讨会上，数篇论文探讨了这一问题。研究者通常会将收入水平、产品细节（如笔记本电脑的配置与价格）等作为变量，向 ChatGPT 提出诸如“你会购买这款笔记本电脑吗？”等与市场调研相似的问题，并将其回答与真实消费者的反馈进行对比。结果表明，ChatGPT 在市场调研中的表现并不稳定，但也展现出一些令人期待的潜力。如果能够用恰当的数据对 AI 进行微调，或许能实现既经济又快捷的市场调研。尽管其精确度存在一定缺陷，无法完全替代全面深入的研究，但在时间和成本有限的情况下，仍然可能发挥一定的作用。研讨会组织者卡蒂克·霍萨纳加在 2023 年 9 月 15 日发布的领英博文，对相关内容进行了详细的综述。[29]

上述研究初步表明，提示工程（prompt engineering）这一新技能正变得越发关键。其核心要点在于，如何提出高质量的问题、提供充分的背景信息，并传达逻辑清晰的指令，以便向AI清晰、准确地表达自身意图。掌握这项技能，是获得准确、相关且连贯的AI响应的关键。

克服恐惧，拥抱变化

当前，你可能对计算机决定自己的求职面试机会感到焦虑，这种情绪并非个例。流行文化中充斥着人类沦为冷酷机器附庸的情节。斯坦利·库布里克1968年执导的电影《2001：太空漫游》（改编自阿瑟·克拉克的小说）便是其中的经典案例。在该影片中，原本应作为宇航员助手的计算机HAL 9000，逐渐变得阴险，并具有危险性。类似的情节在《星际迷航》、《神秘博士》和《终结者》等众多科幻影视作品中也屡见不鲜。[30]

人类对技术和计算机的恐惧也反映在媒体对当今AI的报道中。有时，这种质疑并非毫无根据。例如，AI伦理机构指出："绝大多数AI系统及相关技术在部署时缺乏监管和问责机制，并且对其广泛影响的评估也不充分。"[31]《华盛顿邮报》曾抨击HireVue等AI招聘平台"有失公平、具有欺骗性、令人不安，甚至是‘数字蛇油’”。但更多关于 AI 的争论，最终都归结为一个简单的观点：AI 令人心生恐惧。[32]

2019 年，托马斯·查莫罗－普雷穆齐克与里斯·阿赫塔尔撰文指出，“算法通过解析声音或照片来决定我们能否获得工作，这种感觉令人极其不安，而这种情况已经近在眼前”。[33] 但他们随即强调：“当前招聘面试存在的一大问题是，整个流程缺乏结构化，提问完全取决于面试官的个人偏好。这种方式不仅效率低下，也提醒我们，现实远非公平的理想国。”

ProPublica 的一篇题为《全美用于预测犯罪风险的软件存在对黑人的种族偏见》的报道引发了广泛关注，[34] 该报道对刑事司法系统中 AI 的应用提出了批判。记者的初衷或许是揭露偏见与不公，对此我们并无异议。他们的确指出，该算法在评估风险等级时，倾向于将白人被告归为低风险类别，而将黑人或非裔被告归为高风险类别。

无论这种偏见出现在何处，都应该被指出并加以纠正。正如第一章提及的，亚马逊在发现其 AI 简历筛选系统存在性别偏见后，便停止了该系统的使用。[35] 只要设计合理，机器学习算法具备纠正偏见的能力。但将问题简单归咎于技术工具，实属本末倒置。

正如波莉犀利地指出：“对 AI 偏见的恐惧忽略了一个关

键事实：AI 中最根深蒂固的偏见，源自它所模拟的人类行为。如果你对 AI 的决策不满，那你更无法接受人类的决策，因为 AI 完全是在学习人类行为。”[36]

查莫罗－普雷穆齐克和阿赫塔尔也持类似的观点：“AI 算法只是利用了人类惯用的判别依据，与人类的区别在于，算法可以大规模应用、实现自动化，并且如果编程合理，能够真正平等地对待候选人。”[37]

HireVue 前首席技术官洛伦·拉森强调：“AI 系统仍然比人类招聘者使用的有缺陷的标准更客观。”[38] 研究再次表明，无意识的偏见确实会影响人类的招聘决策，而 AI 技术反而更容易识别和纠正这些偏见。

学界长期关注算法偏见的问题，并指出某些基于历史数据训练的算法，可能会固化甚至放大历史偏见。解决这一问题的办法，恰恰是依靠 AI 本身，并辅以人类的指导。伦理学家、监管机构与立法者已经提出负责任使用 AI 的实施框架，比如要求系统透明化并接受偏见审查。[39]

学术研究表明，AI 在改善招聘效果的同时，还可以减少偏见。博·考吉尔开展的田野实验发现：机器学习技术能够筛选出面试通过率更高、入职意愿更强、工作表现更优的候选人。[40] 关键在于，AI 可以消除训练数据中因人为决策噪声而产生的偏见，尤其是在招聘非传统背景的候选人时。这类候选人往往毕业于非名校、缺乏内推资源与相关经验，或者拥有非典型资历但具备较强的软技能。在传统的人类招聘决策中，这类人群往往受到不公平对待，AI 反而能帮助他们获得更公平的机会。

AI 提升工作满意度与职业成就感

本章主要聚焦于求职（个体视角）与招聘（企业视角）主题，但 AI 还能通过多种途径改善我们的工作体验。

IBM 智能劳动力研究所的报告总结了 AI 提升员工工作动力的三大路径：通过分析员工参与度增强激励感，通过更智能的薪酬规划提升认可感，以及通过个性化成长和发展机会提升职业价值感。[41]

最终，AI 在招聘、雇佣、入职培训和职业发展等方面的综合应用，将在个体层面产生累积性的积极影响：更多的机遇、更匹配的岗位、更顺畅的职业转型，以及更有力的职业发展支持，共同构建起工作满意度与价值实现的良性循环。毕竟，工作不仅仅是谋生的手段，还关乎自尊、独立，以及通过有意义的贡献来获得成就感和人生目标。[42]

这或许带有理想主义色彩或显得过于乐观，但确实有必要重新审视我们与工作的关系。从健康的角度来看，尽管发达经济体的多数劳动者已远离旧时工厂、屠宰场、造船厂等危险环境，但仍有证据表明，当前主流工作模式正在损害人们的身心健康。斯坦福大学教授杰弗瑞·菲佛在其著作《工作致死：现代管理如何损害员工健康与企业绩效——以及我们的应对之策》中深入探讨了这一问题。[43]

人们当然在意金钱，包括如何赚取收入，以及付出时间和精力后的回报。或许我们可以用畅销书作家汤姆·拉斯的一段话作为总结：

> 即便金钱和财务状况是当下的首要关注点，但专注为他人创造价值仍然能带来真正的回报。在一项针对4 660人、长达9年的研究中，研究人员发现，一开始就具备职业目标感（基于标准化的人生目标评估）的人，在未来几年里收入和净资产水平都较高。更关键的是，在控制生活满意度、社会经济地位等因素后，拥有职业目标感的人在9年后仍然拥有更高的收入。[44]

庆幸的是，AI 可以帮助我们在提升薪酬的同时，也探寻工作的意义。相较于前几代人，Z 世代（20 世纪 90 年代中期到 21 世纪初出生的群体）更注重工作和生活的平衡与自我关怀，AI 的广泛应用正帮助他们实现这些目标。

本章旨在阐明，对 AI 与机器学习技术在招聘领域角色的质疑，不仅合理，而且至关重要。但在提出问题之后，找到答案才是关键所在。当前的研究和证据表明，AI 所带来的积极影响极有可能远超其负面影响。事实上，就我们目前所掌握的信息而言，AI 和机器学习技术很可能会帮助你找到下一份工作，实现更有意义的职业发展，找到人生目标，甚至让这三者同时达成。同时，AI 和机器学习技术在减少招聘过程中的偏见和歧视方面，展现出了巨大的潜力，其能力甚至能超越人类招聘人员，从而更精准地实现岗位与人才的匹配。假以时日，有望让更多的员工获得更高的职业幸福感，为整个经济环境带来积极影响。

核心要点

» 就业市场向来充满各种摩擦，并且始终处于变化之中。生成式 AI 的出现，成为颠覆职场格局的最新力量之一。据估算，约 65% 的雇员在入职后的 91 天内就开始寻找新的工作机会。AI和机器学习技术在为人们匹配更合适的选项方面表现出色，无论是在择偶（如约会相关章节中所讨论的），还是在求职方面皆是如此。类似的AI工具，不仅能帮助人们找到合适的工作，还能帮助他们找到更符合自身价值观和文化偏好的职场环境。

» AI算法以及技术平台，正在为职场带来诸多机遇和益处。例如，有研究表明，客服人员在使用AI聊天机器人后，每小时解决问题的效率平均提升了14%。其中，新入职员工及低技能员工受益最为显著，而经验丰富的高技能员工受到的影响则相对较小。此外，若要充分发挥ChatGPT等AI工具的潜力，关键在于如何编写清晰、精准的指令，以准确无误地传达我们的意图。这一被称作“提示工程”的新技能，将成为未来职场的一项关键竞争力。

» AI可以缓解甚至消除招聘过程中的偏见。其中，利用强化学习来优化简历筛选算法，便是一种极具前景的方法。这类算法能够在“利用现有信息”和“探索新机会”之间找到平衡，从而在保持招聘质量的同时，提高招聘过程中的多样性和公平性。

07

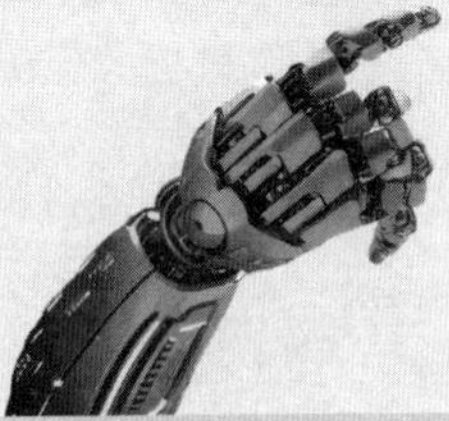

AI 打造智能家居

T H R I V E

你是否使用过搭载 Siri 的苹果手机？家里有没有亚马逊 Echo 智能音箱或支持 Alexa 的其他设备？或者那个可以响应“Okay, Google”（“好的，谷歌”，谷歌开发的语音指令）指令的小巧语音助手？早在 21 世纪第二个 10 年初期，众多语音助手（也叫语音激活助手）相继问世，消费者被“解放双手”和“简化日常生活”的宣传语吸引，踊跃购买。一时间，按按钮、滑动屏幕这类操作似乎成了过去式，就像 20 世纪的“老古董”一样——至少广告是这样宣传的。语音助手正式走入大众视野，承诺通过自动化处理各种任务，减轻人们的生活负担，而我们需要做的，仅仅是开口说话。

如今，十多年过去了，Siri、Alexa、Google Assistant、Cortana 等语音助手已经走进数百万家庭。它们与智能手机深度融合，成了随叫随到的生活管家。当然，技术演进难免存在波折。例如，语音助手会误解指令，给出的回答也不尽如人意，这些问题甚至成了喜剧演员调侃的素材。[1] 事实上，许多人对这些笑话感同身受，这恰恰体现出这类技术的广泛普及和高接受度。或许，语音助手还无法为我们做出美味大餐，无法把家里打扫得一尘不染，也不能保证卫生纸永远充足。但不可否认的是，它们确实给我们的家庭生活带来了很大的影响，也让我们得以窥见了未来生活的模样。

语音识别技术日趋成熟，与数字平台、数据系统及硬件设备的融合也不断加深。AI 和机器学习技术驱动的数字生态系统，让家庭生活更加便利、舒适，成本也更低。这些创新技术的融合，让我们距离《杰森一家》所描绘的未来生活又近了一步。

在这部经典的汉纳 – 巴伯拉动画中，乔治 · 杰森一家乘坐飞行汽车出行，家中有智能机器人助手，几乎所有家务都可以通过语音指令和触摸操作台完成。[2] 虽然我们目前还没有飞行汽车，但当今的科技发展已经让剧中许多天马行空的想象成为现实。扫地机器人早已普及多年，视频通话也已成为现代人常用的沟通方式。

借助一系列数字连接的智能应用和 AI 设备，我们的日常家居生活有了大幅改善，功能性、舒适度和安全性都得到了提升。与《杰森一家》中虚幻遥远的场景不同，我们的智能家居真实存在，就在身边，触手可及。

家的温馨助力

家，无疑是我们生活的中心。它是我们休憩、餐饮、整装待发的地方；是与伴侣、家人共度时光，养育子女、招待朋友的场所；更是我们庆祝喜悦、疗愈伤痛、积蓄能量、创造回忆的港湾。

但从现实的角度来看，家居生活充斥着琐碎的难题：日常清洁、定期维护、设备修理、待办清单永无止境，更别提随之而来的各种账单。我们都有过被家务和琐事压得喘不过气的时候，都曾在面对堆积如山的物品和账单时感到焦虑与无奈。即便一切顺利，操持家务也绝非易事。

当前，AI 正逐步融入智能家居，核心目的是帮助人们减轻压力、高效完成任务、优化居住环境。接下来，让我们一同探索 AI 赋能的数字进步如何让家庭生活变得更加便捷、安全、舒适和愉悦。

娱乐

阅读本书的你，或许已经注意到 AI 正在悄然改变我们的日常生活。许多人最初接触 AI 和机器学习技术，往往是通过娱乐应用，比如 Spotify 和奈飞。这些平台利用机器学习技术分析用户行为，特别是你喜欢播放的音乐类型和观看的节目。

平台根据你在使用过程中产生的数据进行“学习”。通过你的历史搜索记录、选择、对歌曲或节目的评分、对不同类型内容的停留时间等信息，建立你的听歌和观影偏好档案。随后，AI 便能根据这些数据，推荐你可能感兴趣的内容，无论是最新发布的作品、你可能错过的经典，还是不为主流评论所关注的小众佳作。此外，AI 还可以利用平台上其他用户的数据，寻找与你兴趣相近的用户，并进一步挖掘值得推荐的内容。

如今，这种基于数据的推荐机制已经十分普遍，购物网站、社交媒体、社交网络应用以及在线广告平台都采用了类似技术。

随着算法的持续优化，推荐变得越来越个性化。例如，音乐平台可能会结合天气和时间因素来优化推荐策略。如果 AI 发现你习惯在早晨（比如健身时）听节奏明快的歌曲，晚上则偏好舒缓放松的音乐，就会根据这一规律调整推荐内容。换句话说，只要有足够优质的数据，AI 和机器学习技术就能精准分析人类行为模式，并预测你在不同时间和场景下的偏好。

不久后，你的 AI 娱乐系统将化身私人“策展人”。它会根据你的个人喜好和时间安排，精心挑选并整理内容。无论是浏览电视节目单，记录你喜爱的棒球队比赛时间，准时提醒你观赛，或者自动录制节目供你稍后观看，还是将你心仪连续剧的最新一集自动添加到播放列表，当你打算在沙发上度过一个轻松的夜晚时，专属内容已经准备妥当。

舒适

设备与平台的深度整合，正有力地推动着智能家居的发展。想象一下，当你结束漫长的工作日，历经紧张的通勤后，拖着疲惫的身躯回到家中，渴望放松身心。此时，由于家中的安防系统配备了摄像头和人脸识别软件，AI 可以读取你的面部表情，并精准判断你的情绪状态。一旦 AI 察觉到你的压力，智能家居系统便会自动调整家中的环境：客厅的灯光缓缓调暗，窗帘悄然关闭，音响播放起你 Spotify 歌单中的舒缓音乐。于是，一个为你量身打造的放松空间即刻呈现，帮助你释放压力，享受惬意的夜晚。

如果你想体验这种智能家居科技，目前市场上已经有相关产品。比如，飞利浦 Hue 等 AI 照明系统，它们运用机器学习算法学习用户偏好，实现光线的动态调节。这些系统可根据用户的行为模式和个人喜好，创建个性化的灯光场景，营造出温馨的家庭氛围。

智能照明技术让人们不再局限于传统灯泡的单一色温或亮度。如今，智能灯泡可以自由调整色调、温度和亮度，并通过配套应用程序进行个性化设置。你可以根据不同房间、不同灯具，甚至不同时间段和环境光线条件设定最佳照明方案。在完成设置并将系统接入家庭网络后，你只需通过语音指令或智能音箱，就能轻松操控家中的整个照明系统。

智能家居技术的快速发展和设备的深度融合，正将我们的生活空间转变为高度个性化且适应性强的环境。以飞利浦 Hue 等 AI 照明系统为例，这些创新成果不仅能满足用户的个性化需求，还能提升整体居住体验，让家变得更舒适、贴心。通过拥抱这些科技，我们不仅能改善家庭的美学氛围，还能提升整体生活质量和幸福感。随着技术不断进步，未来的智能家居将无缝融入我们的生活，为我们的日常需求提供更智能的支持，让家真正成为随时能够适应和呵护我们的温馨港湾。

安全

得益于 AI，智能安防系统比传统安防系统更能保障家庭和人员安全。家用安防摄像头已不再只是被动的录像工具。最新款的摄像头搭载了计算机视觉和人脸识别软件，能够识别出站在门口的你。如果系统已将你的面部信息录入授权人员数据库，那么当你走近时，门锁会自动解锁，无须翻找钥匙，就能直接进入家门。这虽然还不是《杰森一家》里的飞行汽车，但已越来越接近他们的未来生活方式。

同时，AI 还能识别靠近家门的陌生人，并及时向你发送通知。通过智能手机应用，你可以随时查看监控画面，迅速确认来访者是送包裹的快递员，还是形迹可疑的闯入者。经过简单的数据训练，AI 可以学会忽略像快递员、帮忙铲雪的邻家孩子这类常规访客，避免发出无谓警报，干扰生活。

借助 AI 安防系统，即便孩子放学回家忘记报平安，你也能实时掌握他们到家的时间，还能远程查看宠物在家中的状态。外出时，可远程授权保姆或维修技师进入家门，无须交付实体钥匙，规避钥匙丢失或被盗的风险。与容易被破解的触控密码锁不同，AI 还能检测到锁具被篡改的迹象，并立即报警通知相关部门。

高效节能

未来的智能家居将通过对供暖、制冷、水循环等系统的实时监测，实现高效运转，在节能降耗的同时，帮你节省开支。这一发展趋势已初见端倪，比如谷歌旗下的 Nest 恒温器。这款产品利用机器学习算法，通过学习用户偏好、生活习惯与日程安排，结合天气预报与居家状态（如家里是否有人），动态优化冷暖调控方案，在满足需求的基础上，最大限度减少能源浪费。[3] 这类 AI 恒温器能够把握我们的偏好和时间安排，自动调整温度，实现节能与舒适的平衡。它还可以分析家庭的能源使用模式，识别出“能耗大户”，并给出优化用电的建议。

家居设备中的 AI 能在多方面提供帮助，如自动调节温度，省去你手动操作的麻烦；不只是简单的定时设置，更能智能识别最佳运行模式与设置，在提升舒适度的同时，最大限度减少能源浪费。例如，智能床具可以根据你的睡眠模式，自动调节温度，提升睡眠质量。[4]与人类不同，AI 永远不会忘记在夜间调低温度，或者离家时关闭空调。不久之后，AI 还能具备检测异常情况的功能，比如长时间无人活动时，自动调整空调或暖气，避免能源浪费。谷歌数据显示："独立研究表明，Nest 智能恒温器平均可帮助用户节省 10%~12% 的取暖费用，以及 15% 的制冷费用。"[5]

AI 也被广泛应用于烤箱、洗衣机等新一代家电。这些应用虽然看似不够"炫酷"，但实用价值极高。AI 可以降低电费支出，监测过热元件，防止火灾隐患，还能在设备长时间未使用时自动关闭电源，进一步实现节能降耗；通过传感器和物联网设备分析数据，预测家用电器的维护需求，让用户提前发现并解决问题。毕竟，我们都听说过度假期间洗碗机漏水，导致厨房被淹的惨痛教训。

在智能照明方面，未来 AI 将能够根据自然光照强度、房间占用情况和用户习惯，自动调节亮度，优化能耗。一些智能照明系统甚至能随着时间不断学习和适应你的使用模式。此外，AI 还可以优化太阳能板的安装位置，预测最佳角度，提高能量存储和分配效率，使家庭能源管理更智能化。

便利

AI也能帮忙打理家务。例如，Roomba等智能扫地机器人运用机器学习算法绘制家居地图，学习房间布局，并在清扫过程中避开障碍物。这些设备还能根据用户设定的特定清扫时间等偏好，灵活安排清扫任务。

此外，AI还擅长帮助人们管理数字生活，处理电子邮件、即时通信应用等渠道源源不断涌入的信息。例如，当你在厨房准备晚餐时，只需向智能音箱询问，它就能帮你查看伴侣是否有留言。不管是短信、电子邮件还是语音留言，AI助手都可以读取并朗读给你听，让你无须停下手中的工作就能获取重要消息。当AI发现你的伴侣晚归时，它还能贴心提醒你，你便可以相应调整烹饪的节奏，而无须亲自查看手机信息。

等待伴侣的间隙，如果你发现厨房里的燕麦棒、意大利面和洗洁精等快用完了，只需对智能音箱发出指令，它就会把这些商品添加到购物车。要是你的AI助手已经熟知你的购买模式，它甚至可能自动将这些常购商品放入购物车，随时等待你确认下单。在下单前，AI助手还会贴心询问你，是否需要添加你当天早些时候下载的食谱中所需的食材。

虚拟助手应用还可以为你梳理第二天的工作安排，并为孩子设置好早晨起床的闹钟。通过扫描在线日历，AI 助手会及时提醒你：原定的客户外访会议改到了上午 10 点，比原计划晚了 30 分钟。还会告诉你，由于时间调整，前往会议地点的路况会更顺畅，驾车时间将相应缩短。计算出时间差后，AI 助手会建议你利用多出的时间去健身房参加一节晨间骑行课程，并主动为你预约课程名额。此外，AI 助手不忘提醒你带上重要的纸质文件。如此一来，你无须登录工作账号，就能得到晨间日程安排的关键信息，避免被邮箱中繁杂的信息淹没。这是多么便利！

明尼阿波利斯的百思买等企业，正借助创新的 AI 服务，抵御亚马逊等数字巨头的市场冲击。百思买推出的智能居家监护方案，旨在帮助患有慢性病的老年群体实现居家养老。[6] 百思买旗下“极客团队”的技术员会在老年人家中安装一系列传感器，搭配可穿戴设备与后端的预测建模算法，对老年人的日常活动模式与健康指标进行实时监测。一旦数据偏离预设范围，系统便会同步通知用户与医生。智能手表还能追踪用户在公寓内的行动轨迹。此外，AI 还具备识别异常活动的功能，比如突然的大幅度动作，或者超出正常睡眠时段的超常静止状态，这些都可能预示着老人跌倒或遭遇健康危机。在这种情况下，AI 可以发送警报通知家属检查情况，或视情况呼叫紧急救援，让子女更加安心。

上述案例展现了 AI 技术赋能家居生活的多种可能。从个体来看，每项功能或每款设备可能仅具锦上添花般之效；但当它们相互协同、共同作用时，则正彻底改变我们的家庭生活，减轻日常琐事的负担，让家庭生活变得更轻松、惬意和高效。

隐私问题：担忧是否合理？

如今，AI 赋能的智能家居技术为我们的生活带来了诸多便利，但其迅速普及也引发了许多人的疑虑和担忧。对于这些问题，我们有如下观点。

对于一些人来说，隐私问题是他们在使用智能设备时最关心的因素。他们误以为“联网设备时刻都在监听、收集数据，并利用这些信息构建用户画像”，更有甚者，担心未来这些设备会操控我们的生活。但这些担忧是有事实依据，还是仅仅源自《终结者》《变形金刚》等科幻电影的想象？AI 专家普遍认为，多数恐慌存在夸大其词之嫌，并非现实。

保持警惕固然必要，但也需要认识到，知名的智能设备制造商已采取一系列措施来保障信息安全，如数据加密、安全存储，以及定期进行软件更新等来降低风险。此外，用户还可以通过设置强密码、启用双重身份验证等方式，进一步增强信息安全性。只要采取适当的预防措施并确保信息透明，我们就能在享受智能家居技术便利的同时，确保个人数据的安全。

需要注意的是，隐私政策与功能的制定颇为复杂，部分原因在于用户对于数据隐私的需求差异极大。20 多年来，大量学术研究（包括艾宁德亚与其合著者的论文）表明，不同用户对于不同来源的数据，在隐私偏好和价值评估上存在显著差异。更为棘手的是，用户在网络隐私方面的需求和期望往往难以明确界定。这是因为他们在调查问卷中的回答，往往与实际行为不一致，学界将此现象称为“隐私悖论”。艾宁德亚在其首部著作《点击：解密移动经济的未来版图》中指出：“我们对移动经济中隐私保护的理解，与现实世界中的实际行为之间存在脱节。”[7]

人们经常会问：“在科技环绕的环境中长大的孩子会受到怎样的影响？”其实，这并非新话题，每一代人都以不同的方式体验和塑造世界。

回顾 20 世纪，人们曾担忧电视、电子游戏、耳机，甚至计算器会对孩子的成长产生负面影响。例如，20 世纪 70 年代，许多教师和家长都对课堂上使用计算器感到担忧，认为孩子会因此荒废基本的数学技能。[8] 到了 21 世纪，人们的担忧对象又变成了智能手机、社交媒体、个人电脑、互联网，当然还有前文提及的 ChatGPT。如今，在谷歌搜索这些话题（包括计算器相关内容），仍能看到围绕技术进步利弊的各种争论。

对于新技术的快速普及，人们的担忧是合理的，但这些顾虑通常无法阻挡新技术的应用。即便在一些案例中，新技术被证实存在负面影响，如 Instagram 对青少年女孩心理健康产生不良影响，但即使有相关证据出现，也难以扭转其使用趋势。[9]

特别是在 AI 家居领域，有研究者指出，智能音箱和语音助手可能会对儿童的社交与认知发展产生长期影响，尤其是在同理心、同情心和批判性思维等方面。[10] 如果孩子从小就习惯向机器人发号施令，这将会如何影响他们与人类互动的能力，又将如何影响他们解读社交信号的能力呢？

不过，也有观点认为，儿童对科技的好奇心是其认知世界的自然表现。所有儿童都会通过与周围环境互动来探索世界的运作规律，这种互动既包括与人交往，也包括与无生命物体的接触。语音激活的智能音箱对孩子来说颇具吸引力，因为它们能对孩子的指令做出回应。例如，孩子让 Alexa 讲故事、播放歌曲或开灯，都会得到相应的回应。这种互动与孩子操作玩具来探索功能、验证因果关系的方式并没有太大区别。[11]

还有人担心，与 Alexa 等设备对话，可能致使孩子变得专横，甚至养成一些不良行为习惯。[12] 然而，由于儿童成长、家庭关系、养育方式以及技术使用环境的复杂性，这个问题不能简单一概而论。埃琳·贝内托团队研究发现，智能音箱对家庭互动具有三重积极影响：“促进沟通、改变信息获取方式、增强育儿体验。”[13]

另一项研究发现，儿童在与计算机“对话代理”互动时能够有所收获。[14] 例如，参与研究的儿童通过这类技术学会了新创造的词汇。更有趣的是，在随后的互动中显示，儿童能明确区分人与机器的差异。

在有关该研究的相关报道中，研究合著者亚历克西斯·希尼克指出：“这为开展亲子共同参与的教育式对话提供了绝佳机会。许多对话策略可以帮助孩子学习和成长，并培养良好的人际关系，比如引导孩子学会表达自身感受，使用‘我’陈述句，或者教导孩子为他人挺身而出。”她补充道：“家长最了解自己的孩子，能够很好地判断这些技术是否会影响孩子的行为。但在完成这项研究后，我更加确信孩子能够清晰地区分人与机器。”[15]

我们并非心理学家或儿科专家，而是教育工作者和父母。在我们看来，AI 与智能设备对儿童发展的影响是一个复杂多元的议题，值得我们审慎对待。尽管有人担忧它们可能对孩子的社交和认知发展产生不利影响，但研究表明，儿童能清晰分辨人机互动的差异，并且这些设备可能提供有价值的学习体验，甚至还有助于营造积极的家庭互动氛围。作为教育者和家长，我们需要保持平衡的视角，既要看到 AI 在家庭环境中的潜在价值，又要对其可能存在的弊端保持警觉。将 AI 与智能设备融入孩子成长过程的关键在于鼓励开放式沟通，引导孩子理性看待和使用技术；将技术作为辅助工具，而非取代人际互动；持续评估这些设备对孩子个体发展需求的影响。

通过在传统社交体验与数字互动之间找到平衡，我们既可以确保孩子从 AI 带来的教育和发展机遇中受益，又不会对他们的情感和社交成长造成不良影响。同时，家长、教育者和科技开发者应该共同努力，创造更负责任、考虑更周全的 AI 体验，帮助孩子在这个与科技深度交融的世界中茁壮成长。

智能家居：迈向更智能的未来

AI 技术早已走进我们的家居生活。从语音助手、智能音箱到扫地机器人、自动化照明系统，消费者热情拥抱 AI 赋能产品，我们有理由相信，这一发展趋势将持续深化并加速发展。

随着AI技术日趋成熟，在家居场景中，创新应用将如雨后春笋般不断涌现。例如，借助AI优化能源消耗，降低水电费用支出；提升家居安全性；推动环保实践。与此同时，越来越智能、个性化的家电产品也会层出不穷。这些设备不仅能够迎合个体喜好，还能预测用户需求，让我们的日常生活更加舒适和便捷。然而，随着AI增强型产品的迅速普及，我们必须意识到其中潜藏的挑战、伦理考量以及它们对人际互动所产生的影响。

随着AI深度融入生活空间，我们期待制造商和政策制定者共同努力解决这些问题，创造一个安全、负责任且有益的环境。作为有知识储备且了解AI的公民，我们可以与这些机构合作，确保技术成为提升生活品质的有力工具，同时守护我们的核心价值观，维护整体福祉。

核心要点

» 数字化智能应用和设备的广泛应用，极大地提升了我们的日常生活质量。在AI与机器学习的驱动下，不断拓展的数字生态系统为家庭带来了便捷、舒适与成本优化。如今，智能家居的核心价值体现在帮助人们缓解压力、高效完成任务、降低生活成本，以及优化居住环境等方面。例如，独立研究表明，Nest智能恒温器平均可帮助用户节省10%~12%的取暖费用，以及15%的制冷费用。

» 虚拟助手应用不仅可以提醒我们第二天的日程安排，还能为孩子设置闹钟，提醒他们准时起床。AI在老年人护理方面也发挥了重要作用，结合可穿戴设备与后端预测算法，实时监测老人的活动模式和健康指标，一旦出现异常，便会向看护者及时发出预警，从而有效延长老人的居家养老周期。

» 消费者对各类AI产品展现出了极高的热情，从语音助手、智能音箱到扫地机器人、智能照明系统，这一发展趋势无疑将持续深化并加速发展。然而，在智能家居快速普及的进程中，我们必须清醒地认识到潜在的挑战、安全隐患、道德层面的考量，以及它们对人类交往方式所产生的影响。

08

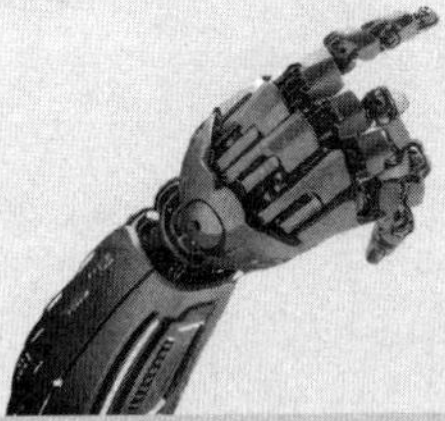

AI 构建卓越组织

T H R I V E

AI 的兴起，如同微处理器、个人电脑、互联网以及手机的诞生，无疑是科技进步史上的一座重要里程碑。它将深刻改变我们的工作模式、学习途径、出行手段、医疗保健体系，以及人际沟通的方式。

——比尔·盖茨[1]

本书致力于展示 AI 在大众日常生活中的作用。但如果我们未能分享成功运用 AI 创造商业价值的见解，难免会成为一大遗憾。因此，我们特别针对管理者、高管和领导者提供一些策略性洞察。如果你对这部分内容不感兴趣，可以直接跳至结语，在那里我们将探讨如何在 AI 赋能的世界中前行。

我们两位作者从少年时代起就对登山充满热爱（稍后会详细介绍）。因此，我们将以“攀登 AI 珠穆朗玛峰”为喻，阐述企业如何通过将 AI 融入自身战略和运营中，创造商业价值。那么，企业应该具备哪些关键要素，才能借助 AI 创造商业价值呢？少年时代，拉维在印度接受英式寄宿学校教育，那时他就对雄伟的喜马拉雅山脉，尤其是珠穆朗玛峰充满向往。他最美好的童年记忆之一，就是夏天徒步前往安纳普尔纳峰、珠穆朗玛峰大本营等各个营地。而艾宁德亚的登山经历则更为丰富，他在坦桑尼亚和赞比亚长大，从小就接触乞力马扎罗山等名山大川。作为一名资深的高海拔登山者，他曾攀登过安第斯山脉、喀斯喀特山脉、喜马拉雅山脉、落基山脉和阿尔卑斯山脉的多座高峰。我们将以珠穆朗玛峰南坡（尼泊尔一侧）的经典攀登路线为隐喻，为管理者勾勒出 AI 创造商业价值的探索之旅。从大本营到珠穆朗玛峰顶峰之间，有 4 个关键营地。现在，让我们从大本营出发（见图 8.1）。

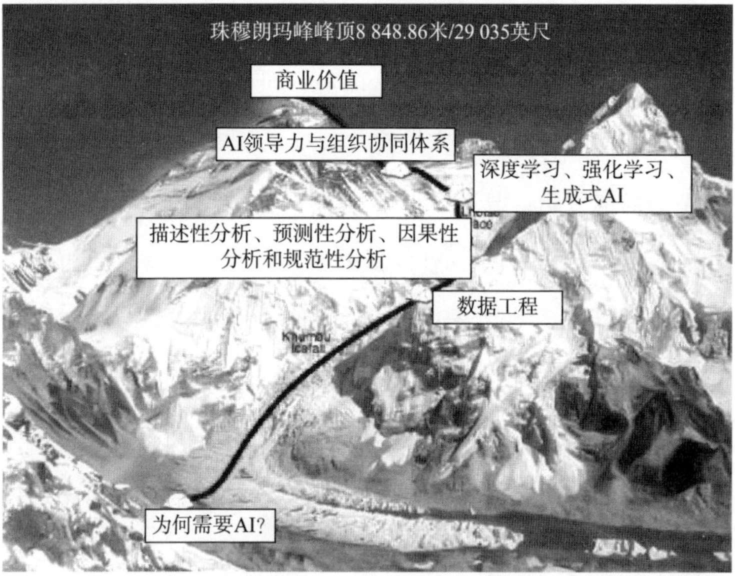

图 8.1　攀登 AI 珠穆朗玛峰

大本营：AI 时代的领导者必须回答“为何需要 AI”

攀登珠穆朗玛峰时，能否成功登顶往往取决于大本营的领导力。1953 年，著名远征队指挥官约翰·亨特上校虽未亲自登顶，却凭借卓越的团队管理能力，抓住最佳天气窗口，使丹增·诺尔盖和埃德蒙·希拉里成为首批登顶者。同样，组织利用 AI 实现商业价值的征途，始于领导者（国家 / 地方领导、首席执行官、董事会等）直面 AI 时代的独特挑战。未来的领导者需要驾驭新型无形资产：数字技术、数字商业模式、数据、高级分析、算法以及 AI。这些资产与传统的土地、劳动力和资本截然不同。AI 经济要素无形无质、晦涩难解，引发的恐慌堪比 20 世纪汽车问世时的社会焦虑。领导者必须带头解构生产函数中的实物与数字要素，寻找人机协作的最佳平衡，既要发挥人类的独特优势，也要善用尖端机器智能。简言之，领导者必须明确：为什么要部署 AI？AI 的核心应用场景是什么？AI 如何增强人类的能力？

然而，现实情况是：有多少非科技公司的董事会，或各级政府的立法机构，正在认真讨论这些问题？如果没有，这无疑是治理层面的重大缺失。更进一步说，有多少董事会成员能在 AI 赋能的世界里做到知行合一？他们中有几个人能清晰区分监督学习与无监督学习？又有几个人能真正理解生成对抗网络（一种应用于图像转换的生成式 AI 技术，如卫星图像转换为地图、视频生成等场景）的工作原理，进而判断其应用场景？

领导者不仅需要理解 AI 能做什么，还需要深刻洞察 AI 如何弥补人类认知的局限。他们的核心任务是确保最具生产力的资源——人力资本，始终处于高效创新的前沿，专注于解决最关键的问题。正是这种深层认知，才能解答“为何需要 AI”这一问题，进而推动对变革性 AI 的投资。接下来，让我们从“为何”迈向“如何”，探索将数据转化为商业价值的第一步。

第一营地：“数据即新石油”，数据工程即核心竞争力

历经 25 年时间，投资数万亿美元的 IT 基础设施建设［尤其在企业资源计划（ERP）与客户关系管理（CRM）系统等领域］，让全球企业身处数据海洋。然而，我们反复听到的问题是，企业数据难以转化为具有可操作性的洞见。基于我们的实践经验，企业在数据价值转化过程中，普遍存在三大认知误区。

在每年开展的 AI 与数据科学咨询项目中，我们总会遇到这样一类企业领导者：他们拥有海量数据，听说 AI 可将数据转化为商业价值，便要求启动“探宝式”项目，以“看看能不能行得通”。对此，我们会引导客户聚焦核心业务痛点：哪些问题让他们彻夜难眠？最希望改变的 2~3 个关键点是什么？如果无法明确这些问题，我们通常会推迟项目，待厘清业务场

景、找到关键问题之后再推进。

第二类企业领导者低估了数据治理中存在的组织政治因素。他们并不拥有关键数据，也没有足够的权力或影响力去说服其他利益相关方共享数据。这类项目往往难以产生令人满意的成果。相比之下，那些能够充分利用机器学习挖掘多个变量交叉影响的项目，比如对员工流失率的预测，更具价值。尽管如此，这类项目仍然值得尝试，因为它们能帮助企业突破学习曲线的起点（大本营），朝着第一、第二营地迈进。虽说距离登顶尚远，但这是必经之路。

第三种情况更加微妙，但也很常见。领导者并不像第一种情况那样毫无头绪，他们清楚要解决何种业务问题，也知道要开展何种 AI 分析，但他们忽略了对关键输入、预测变量或输出、结果变量所必需的变化的理解，而正是这些变化使分析成为可能。

数据工程实为一项艰苦的工作。过去 10 年间，我们在纽约大学和明尼苏达大学双城分校培养了数百名数据分析专业人才，发现数据工程是他们最不愿涉足的领域。然而，我们对过去 10 年中横跨 20 多个行业的 250 多个数据科学项目的分析表明，数据工程的工作量约占数据科学项目总工作量的 70%。其工作主要涉及对脏数据进行查询、清洗、格式化和处理，以将其转换为干净、可用的数据集——这正是企业数据科学之旅的大本营。

在攀登珠穆朗玛峰的征途中，最危险的路段之一是穿越昆布冰瀑。由于海拔相对较低，且冰川不断移动，随时都有可能出现巨大的裂缝，给登山者带来极大的生命威胁。这一情形，恰似企业从数据混沌（大本营）走向初步秩序（第一营地）的过程。企业在大本营开展的所有规划和准备工作，最终将对其能否成功登顶产生决定性影响。

第二营地：充分利用 AI 的四大支柱

如果企业已经成功收集到必要的数据和工具，顺利抵达大本营，甚至第一营地，那就意味着它具备了向 AI 巅峰快速挺进的条件。此时，企业已准备好运用描述性分析、预测性分析、因果性分析与规范性分析四大支柱所支撑的应用场景。然而，根据我们的实际经验，企业和政府在推进 AI 项目时，往往会遇到两大难题：一是它们不知从何入手；二是它们被市场上与 AI 相关的夸张宣传所干扰，而难以制定清晰的推进路径。描述性和预测性分析是 AI 在现代商业领域的核心应用，分别利用无监督学习和监督学习来为企业提供数据洞察。这些分析方法构成了机器学习（即弱 AI）的技术基础，并被广泛应用于各行各业。因此，AI 是一项广泛适用于日常生活的通用技术，绝非简单地交给 IT 部门处理的普通任务。

机器学习通常被视作引领第四次工业革命的关键技术，其重要性与前三次工业革命中的蒸汽机、电力和计算机等量齐观。要想理解机器学习的通用性，只需关注不同行业的公司如何迈出 AI 转型的第一步——它们最先摘取的是哪些“低垂的果实”即可。

选择 AI 转型的切入点，这一过程更像一门艺术而非科学，需要业务主管与数据科学家反复磋商。对于那些拥有多年 IT 系统积累的海量数据，却不知从何下手的传统企业而言，描述性和预测性机器学习是最佳的起点。从旅游业用客户分群优化营销策略，到服务业用员工流失分析辅助 HR 决策，我们的实践案例证明，这两类机器学习已成为新时代的“通用技术”。

接下来，面对日益复杂的商业环境，企业需要借助因果性分析来应对挑战。这种方法依赖于实验与学习文化，鼓励企业采用科学实验的方法来探索因果关系。其核心目的在于，帮助企业领导者和管理者基于科学原理理解因和果之间的内在联系。这种方法在学术界早已广泛应用，并且一直用于高风险决策场景（如制药公司决定是否推出新药）。如今，因果性分析正被广泛应用于各类商业决策，也是“产品思维”驱动的软件化数字化转型的重要基石。许多企业已在不同程度上采用因果推理方法（行业内通常称之为“A/B 测试”），来决定应该投放哪种广告、推出哪些功能、设置何种激励机制，以引导用户采取特定行为。[2]

需要明确的是，正如我们之前所讨论的，虽然描述性和预测性机器学习具有极高的商业价值与社会价值，但它们的本质仍然基于相关性，而非因果性。这些方法大致可以归为两种类型：一是模式挖掘，即发现数据中的有趣关联或异常点；二是相关性映射，即将输入变量与输出变量关联起来，以进行预测或打分。然而，两者都不能证明因果关系。混淆相关性和因果性，是大多数职场人士常犯的关键错误，甚至许多受过数据科学和分析训练的专业人士也难以避免。

同样需要强调的是，使用因果性分析方法（如公认的“黄金标准”双盲随机对照试验），在道德层面或智力层面，并不优于使用具有高度相关性的预测性深度学习模型。[3] 例如，如果一个深度学习模型在检测早产儿视网膜疾病方面，能够比经验丰富的眼科专家团队更为准确，那么它就是一种有效的工具。因果性分析与预测性分析只是针对不同挑战所采用的不同工具，并无优劣之分。此外，这两种方法在执行过程中，所涉及的数据分析生命周期也完全不同，从数据工程、分析方法，到结果解读与沟通方式，都存在显著差异。因此，我们的目标在于帮助企业领导者理解这些方法的核心逻辑，以便他们能够根据实际问题，选择合适的分析方法。

举例来说，本书的作者之一曾受邀为一家大型医疗设备制造商的商业洞察团队提供咨询服务，协助其快速增长的业务部门厘清一个问题：公司在举办医生学术会议和行业活动方面投入的时间、资金与精力，与医生最终开具该公司设备处方的概率之间，究竟存在怎样的关联？这本质上是一个典型的 ROI 问题，数十年来始终困扰着营销从业者。近年来，随着量化手段的不断进步，看似有更多数据可以追踪不同营销活动的效果，许多企业认为能够直接建立起营销投入与业务成果之间的联系。然而，这种认知可能只是一种错觉，其中存在诸多陷阱，而真正的答案在于能否正确使用因果性分析。该业务部门的总裁提出了一个关键问题："我们如何知道，如果没有举办这些学术会议，医生是否仍然会开具这些处方？或者说，可能只有一半的处方会被开出？换句话说，我们是否在学术会议方面投入过多，而在其他营销渠道上投入不足？"在数据科学的术语中，这位总裁实际上是在追问反事实推断（counterfactual）。

最后，我们来讨论规范性分析。在这一阶段，企业能够将人类智慧与机器智能进行最佳结合，充分发挥各自优势，同时减少其局限性。规范性分析建立在描述性分析、预测性分析和因果性分析的基础之上，并进行优化。这种状态难以实现，且在现实中较为少见，但无疑是值得追求的目标。

第三营地：借助深度学习、强化学习与生成式 AI 应对复杂案例和数据难题

当企业在处理常规数值型或表格型数据、开发相关应用场景方面越发得心应手时，便可以拓宽视野，尝试从更丰富也更具非结构化特性的数据，如图像、音频、视频和自然语言中挖掘商业价值。在本书中，我们已经详细讨论了深度学习、强化学习与生成式 AI 在这方面的应用。

例如，我们的一位客户需要对某分析咨询公司提出的方案进行评估，该方案称可以基于音频数据高精度预测客户流失率。然而，客户面临的主要难题在于：如何在不共享私人通话数据的情况下，快速评估该模型的可行性？因为共享这些音频

数据需要经过多个法律审批流程，周期较长。我们给出的解决方案是，利用生成式 AI 创建具有相同统计特性的合成数据集，使用这些数据来评估该供应商的模型，同时还对另外两家竞争对手的方案一并进行评估，而整个过程中无须泄露任何真实的私人数据。

再比如，一家公司希望检测放射影像中的特定病理模式，但该企业自身拥有的训练数据极其有限。通常情况下，这会成为深度学习模型的一大瓶颈，因为像卷积神经网络（CNN）这类模型，一般需要大量训练数据才能呈现良好的效果。对此，我们建议该企业采用迁移学习的方法：借助现有的大规模开源模型，直接继承其中 95% 的预训练参数，仅对模型的最后几层进行针对性微调，用有限的数据集进行训练。这样，即便在数据量受限的情况下，该企业仍能获得高精度的放射影像分析模型。

第四营地：攀登 AI 商业价值高峰，构建强效领导力与组织协同体系

四号营地位于珠穆朗玛峰与洛子峰之间的南坳隘口。此处

的地貌特征与前后路段截然不同。强劲的侧风从北部的西藏高原一路直贯南部的尼泊尔昆布地区，即使在海拔 26 000 英尺的高处，也难有积雪堆积。这恰似企业试图从依赖直觉、经验与主观判断的传统决策模式，向数据驱动、测试–学习文化转型时所面临的“险峻地带”。从四号营地向珠穆朗玛峰之巅所迈出的每一步都越发艰难。1978 年，奥地利登山家莱茵霍尔德·梅斯纳尔与彼得·哈贝勒首次实现无氧登顶，梅斯纳尔如此描述濒临极限时的感受：“在精神超脱的状态下，我仿佛脱离了肉身与视觉，化作漂浮在云雾与峰峦之上、孤独喘息的一叶肺。”然而，他们的这一壮举堪称史诗级的突破，如同英国运动员罗杰·班尼斯特打破四分钟一英里①的纪录，为后来者开辟了一条曾被视为不可逾越的道路。

在企业迈向 AI 之巅的旅程中，所面临的“南坳级”挑战主要体现为在组织内部培育 AI 领导力，以及管理 AI 增强决策所引发的文化变革。

举例来说，通过实验进行决策，让许多企业管理者感到望而生畏，越来越多的研究也表明，这种“实验规避”现象普遍存在。[4] 然而，当微软屏弃了“高薪人士的意见”模式，转而

① 1 英里约等于 1.609 千米。——编者注

采用“A/B 测试”时，所有为此付出的努力都是值得的。

任何极具挑战性的事务，都需要来自领导层的有力推动。企业领导者必须深谙第一章所提及的“AI 之屋”的各要素，熟悉不同类型 AI 的应用场景，并有意识地培养管理团队对 AI 潜力的认知。这能够帮助组织积蓄实力，确保优先事项与整体战略保持一致。随后，要为项目融资，聘用主管和执行人员，并组建由业务领袖、数据科学家和数据工程师组成的团队，力求在 AI 领域取得早期成果。

构建 AI 时代的人才战略至关重要

如果说具有远见卓识的首席执行官是大本营的指挥者，前瞻性的董事会担任向导，那么最终实现登顶的关键，则在于一支由登山者和夏尔巴人（Sherpas）组成的团队，他们团结协作，共攀高峰。夏尔巴人来自尼泊尔昆布地区，他们肩负着勘探路线、架设安全绳以及承担物资运输等重任。在我们看来，他们才是助力登顶的真正英雄。

在非科技企业中，从部门领导到副总裁级别的知识型员工，正面临着巨大的变革，我们将其称为“混乱的中间层”。

随着 AI 将更多认知性工作自动化，人们不禁深思：银行是否还需要人工审贷员？还是说，通过学习过去数十万个案例（无论好坏）的专业知识和智慧而训练的算法，能更好地满足银行的需求？企业需要招聘具有问题定义和翻译能力的“中层管理者”，他们的核心能力在于确定要解决的问题，明确值得投资的项目。如果一家公司拥有理解“为什么”的强大领导层，以及善于识别机会、确定“是什么”的跨职能中层管理人员，那么就奠定了 AI 优先型企业的基石。

然而，如果没有一支实干家的队伍，即那些擅长运用最先进的 AI、机器学习和高级分析技术，在各个行业和职能领域提供创造性解决方案的夏尔巴人（登山中真正的英雄），这幅图景便是不完整的。作为全球顶尖商业分析硕士项目的前任主任（拉维）和现任主任（艾宁德亚），我们在培养优秀 AI 人才方面拥有第一手经验：第一，要求人才具备高度的商业敏锐度，能够区分资产负债表和损益表；第二，拥有顶级的数据工程能力，因为在高级分析项目中，70% 的时间都用于清洗、聚合、整合和处理数据；第三，需要深入理解 AI 分析的四大支柱：描述性分析、预测性分析、因果性分析、规范性分析；第四，具备丰富的实践经验，能够向企业不同层级的利益相关者清晰传达 AI 分析的价值。与许多新的数据科学研究生项目不同，我们的项目并不是对大学已开设课程进行“新瓶装旧酒”式的简单包装，而是基于我们提出的“AI 之屋”框架，并深度结合企业高管的观点和参与，着重培养解决现实问题的分析转化力、数据叙事力以及数据伦理实践力。

在探讨 AI 时代的人才战略时，我们必须直面一个严峻的现实：当前在 AI 及科学、技术、工程、数学（STEM）领域中，女性、有色人种以及其他少数族裔的代表性严重不足。我们必须制定积极的策略，使 AI 优先战略与多样性、公平性、包容性等现代企业核心价值观深度协同。

AI 战略应以公平、问责和透明为先

尽管目前各界正广泛开展研究，致力开发公平、可解释、负责任且透明的 AI 系统，但算法偏见依然存在。如果不积极加以应对，AI 不仅会机械地复制人类偏见，甚至可能将其进一步放大。我们必须清醒地认识 AI 系统中偏见的来源。例如，如果 AI 领域的支持者、倡导者、数据科学家及研究者群体以男性为主，或未能充分反映社会多元的代表性，那么在问题界定与方案设计的过程中，必然会出现系统性偏见。此外，

训练数据与算法架构本身也可能成为偏见的来源。

为了深入理解 AI 系统中潜在的偏见问题，我们不妨回顾 2009 年启动的 ImageNet 项目。该项目由斯坦福大学的李飞飞和克里斯蒂安·费尔鲍姆共同创立，其使命是“描绘整个客观世界”。[5] 这个标志性数据集，作为算法训练的沙盒向 AI 社区开放。2012 年，在杰弗里·辛顿的带领下，多伦多大学的研究人员借助 ImageNet 证明了深度学习的潜力，[6] 这项技术随后扩展至众多变革性应用领域，如医学（如前所述）以及自动驾驶汽车领域。

ImageNet 项目也成为揭示 AI 系统性偏见及其治理路径的重要研究领域。AI 学者凯特·克劳福德与艺术家特雷弗·帕格伦发起的 ImageNet Roulette 项目，向世人揭示了 AI 图像分类的阴暗面。[7] 这一项目鼓励用户将自拍照片上传至 https://imagenet-roulette.paglen.com/（该网站现已关闭），系统会使用基于 ImageNet 数据集训练的深度学习模型对照片进行分类。然而，实验结果表明，AI 生成的标签充满了歧视性和偏见：穿比基尼微笑的女性被标注为“荡妇、邋遢女人”；年轻男子喝啤酒的照片被归类为“酗酒者、酒鬼”；在推特上浏览 #imagenetRoulette 话题标签内容，会发现有色人种被归类为“违法者、罪犯”。试想，如果这种 AI 技术被应用于机场乘客安检、求职者筛选，或者像 COMPAS 这样的系统被用于预测囚犯再犯概率以决定假释人选，将会产生多么严重的后果。[8] ImageNet Roulette 项目不仅暴露了原始数据标注员（亚马逊众包平台低薪标注员）的认知偏见，更揭示了项目设计者的人为选择对算法训练的深远影响。ImageNet 项目的创始人可以选择不同标签类别的分层分类法吗？（它基于 WordNet，一个较早用于自然语言处理的英语词汇数据库。）如果采用不同的分类方式，AI 的判定结果是否也会随之改变？

普林斯顿大学的奥尔加·鲁萨科夫斯基一直致力消除 ImageNet 数据集偏见，同时确保数据仍能有效用于训练 AI 进行目标检测。她的团队正在删除可能具有冒犯性的分类标签，赋予社区标记问题类别的权利，并研究这些改动对下游应用的影响。但她提醒我们一个残酷的现实：没有人是完全客观公正的，因此也不可能构建出完全没有偏见的 AI 系统。[9]

核心要点

» 利用 AI 创造价值是当今企业领导层的当务之急。高管和董事会必须深入洞察 AI 的潜力，并制定相应的战略和战术，从而推动产品与服务创新，结合现有的有形和无形资产形成协同效应，确保人力资本保持最佳竞争状态。AI

不应被简单下放给信息技术或运营部门，也不应仅被视作后台降本工具。

» 企业不可低估数据工程在AI价值创造中的作用。近70%的AI项目时间都用于构思（如确定预测模型功能）、清洗、转化、整合内外部数据。数据工程与数据科学人才稀缺，但最具价值的“全能型人才”不仅掌握这两项技能，还具备商业敏锐度，能够提出关键问题，并识别真正需要解决的业务难题。

» 领导者需主动管理企业向“AI之屋”（四大支柱、三大架构）转型过程中的组织和文化变革。其中，尤其要重视因果性分析支柱的培育，因为基于实验决策的理念，可能会让许多企业领导者感到不安。他们应当认识到：生成式AI将通过释放新的创造力、创新力和效率，在组织赋能中发挥关键作用。借助生成式AI模型，企业能够实现复杂任务自动化、生成逼真的个性化内容、加速产品开发、优化决策流程，并打造独特的用户体验。值得注意的是，领导者必须提升自身认知水平，在评估机器学习模型时，不仅要关注准确性的最大化，还要考量这些模型所驱动的决策是否秉持公平公正的原则。

结语

让 AI 为你所用

2023 年秋，在美国北部，对于身为大学教授的我们而言，这是一个崭新的开始。当秋叶渐黄、新生涌入校园之际，我们二人正投入大量时间，向全球领导者传授如何让 AI 造福社会。在明尼阿波利斯市妙佑医疗国际 2023 年 RISE 峰会上的炉边谈话环节，拉维深入探讨了 AI 与算法偏见问题，随后与妙佑医疗国际平台总裁约翰·哈拉姆卡博士进行了同台交流。哈拉姆卡领导的部门致力于借助数字与 AI 技术创造价值。[1] 哈拉姆卡的核心观点是：在高风险决策场景中（如心脏科医生需要选择两种治疗方案时），当前的生成式 AI 工具因存在“幻觉”问题而不可行。例如，某生成式 AI 工具曾自信地推荐一项手术，并声称有期刊论文作为支撑，但后来发现论文与期刊均不存在；但在一些低风险决策场景中（如一位携带

5 000 页病历、主诉腿痛的患者就诊时），生成式 AI 可以总结关键信息，助力医生为检查做更充分的准备。

RISE 峰会结束一周后，斯坦福大学内科主任、著名作家亚伯拉罕·韦尔盖塞，在圣保罗标志性的菲茨杰拉德剧院举办新书朗读会时，公开对向电子健康记录系统 EPIC 输入患者信息的烦琐流程表示不满，他将其形容为“史诗级的失败”。与此同时，普渡大学发起了一项挑战赛，要求数据分析专业的学生团队利用 ChatGPT 实现病历转录的自动化。或许在不久的将来，韦尔盖塞能腾出更多时间去创作他笔下那些精彩曲折的故事，而世界也将因此变得更加美好。[2]

秋季学期伊始，艾宁德亚就在欧洲和亚洲的多个全球知名活动中发表演讲。首先，他在葡萄牙举行的 2023 年埃斯托利尔会议上发表了主旨演讲，与欧洲国家元首、诺贝尔奖得主、企业家、奥运会运动员、探险家、记者、音乐家以及环保人士等同台交流。葡萄牙总统为会议开幕致辞，呼吁听众深入思考新兴技术的利弊。随后，艾宁德亚现身韩国 2023 年世界知识论坛，与美国抗疫核心人物安东尼·福奇、OpenAI 首席执行官山姆·奥特曼、日本前首相鸠山由纪夫、美国前国防部长詹姆斯·马蒂斯、苹果联合创始人史蒂夫·沃兹尼亚克及诺贝尔奖得主保罗·罗默、阿比吉特·班纳吉等共同探讨 AI 相关话题。在这两场活动中，艾宁德亚援引本书中的案例，阐释 AI 如何让世界变得更美好。他欣喜地发现，听众对 AI 所引发的关键变革满怀热忱。此外，他还阐述了贯穿本书的核心观点：AI 并非问题的根源，而是解决当下社会弊病的有效良方。与媒体大肆宣扬的普遍认知不同，AI 可以清除公共话语中的虚假和不良内容，维护数字平台上的文明氛围，检测并限制仇恨言论、网络攻击、虚假账户和垃圾信息等问题。

在 2023 年夏本书书稿完成时，市场情况显示，至少有一个指标反映出人们对 AI 的乐观情绪正在弥漫。自 ChatGPT 发布以来，标普 500 指数上涨了近 8%，相较于 2022 年 10 月的低点，更是飙升了近 20%。这些涨幅主要得益于 AI 硬件（如英伟达）、软件（如谷歌、Meta、微软，其中微软对 OpenAI 有重大投资）、基础设施（如数据中心 Arista），以及与 AI 关联紧密的公司。这究竟是一场非理性繁荣的泡沫，还是 AI 改善人类生活的序曲，唯有时间能给出最终答案。我们撰写本书，正是基于对后者会成为现实的坚定信念。与主流媒体所渲染的“AI 恐慌叙事”不同，我们认为 AI 是由互联网、移动技术、云计算与大数据四大革命共同推动发展而来的。我们并非唯一反对“AI 恐慌”的群体。浏览器之父马克·安德森将这种恐惧称为“非理性道德恐慌”，认为它阻碍了我们直面实际问题的能力。[3]

我们坚信，现代 AI 将推动突破性技术发展，助力应对气候变化、疾病、贫富差距和社会分裂等重大挑战。在前面的章节中，我们展示了 AI 如何彻底改变疾病检测、药物研发、教育公平（比如，我们探讨了为全球每个孩子提供个性化导师的可能性），以及帮助人们找到有意义的工作和改善人际关系。ChatGPT 以史无前例的速度迅速普及，如今我们经常将它用作增强高管培训的辅助工具，这一现象充分印证了我们对 AI 的乐观态度。

本书带领读者领略 AI 在改善日常生活诸多重要方面的作用，包括社交、婚恋、家居、健康、教育、职场等领域。AI 通过预测（如评估学生毕业等概率）、推荐（比如为你推荐可能感兴趣的约会对象、书籍、歌曲或电影）、生成（比如为你的 Instagram Reels 创建文本、图片或短视频），甚至学习一系列动作来完成那些原本需要你花费大量时间和精力的任务（比如当你外出时，机器人高效地清洁地板）等方式发挥作用。在剖析这些应用场景的同时，我们也希望读者更深入地理解其内部的运作机制。你已经了解到数据工程（对结构化和非结构化数据进行整合与清洗）的基础作用，以及它如何支撑描述性、预测性、因果性、规范性 AI 四大支柱；理解了深度学习如何突破表格数据的局限，通过注意力机制等算法革新，实现对文本、图像、音视频的语义建模（如 GPT-4）。这就是我们当下所处的 AI 增强型世界，希望它此刻于你而言已不再神秘。

由此引出一个关键问题：在 AI 时代，我们如何实现蓬勃发展？如何防止 AI 背离人类的善意初衷？如何借助 AI 提升创新力和生产力，最终改善全球公民的生活质量？关于 AI 监管的讨论铺天盖地，毕竟其潜在的社会危害性不容忽视。在我们看来，任何 AI 监管举措都必须是多层面的，不仅要保障公民和国家免受损害，同时也要鼓励创新、创业和生产力增长。AI 监管必须平衡好国家、企业和个人的利益，改善人类生活，缩小现有的社会差距。本书的写作初衷，正是希望通过普及 AI 认知，提升公众在 AI 领域的话语权，使其积极参与到塑造相关法规的政治进程之中。若公众参与缺位，那么 AI 监管可能会被政治家和利益集团左右，最终制定出看似合理，实则未经深思熟虑、可能引发诸多意外后果的法规。欧盟《通用数据保护条例》（GDPR）就是一个典型案例，其高昂的合规成本让大企业受益，却阻碍了小型创业公司的创新，进而减少了社会整体的未来收益。[4] 大量学术研究已经证明了 GDPR 所带来的负面影响。[5]

如果我们认识到，现代 AI 的力量源自对现有语言、艺术、代码、决策以及更广泛的人类交流方式的高度数学化表达，我们就能更好地理解如何在此基础上持续创新。正如《纽约时报》专栏作家戴维·布鲁克斯在一篇文章中所写："AI 时代，要专注于保持人性。"[6] 布鲁克斯在文中提到的个人表达、创造力、情境感知以及独特的世界观，都将成为 AI 时代的稀缺资源。

那些在工作和生活中备受敬重之人所展现的品质，恰为 AI 时代提供了一幅"守护人性"的蓝图，助力我们蓬勃发展。这类人往往乐于慷慨地分享时间与资源，擅长在邻里、团队与家庭间建立紧密的情感纽带。他们愿意主动地维护和培育人际关系，同时坚守道德原则，在朋友或家人误入歧途时，敢于指出问题。他们拥有广阔的视野和丰富的人生阅历，足迹遍布世界各地。他们对不同文化有着深刻的理解，因此清楚地认识到当今世界在财富、收入、资源和机会分配方面存在的不均衡现象。他们不断努力缩小这些差距，并深知通往成功的道路不止一条。他们兼具文化通识素养与高情商，既能在鸡尾酒会上洞察微妙的信号，也能在圆桌谈判中做到进退有度。他们行事诚实可靠，不仅善于解决问题，更擅长定义问题。他们是出色的故事讲述者，能够用证据支撑自己的观点；在获取信息时，他们坚持溯本求源，而非盲目相信未经证实的新闻和观点。作为终身学习者，他们保持好奇心，乐于接受新观点，同时敢于表达自己的立场，营造安全的对话环境，让不同的观点得以碰撞，而不强求达成共识。

我们认为，AI 是人类智慧的有力补充。正如博学的佛陀所言："无尽灯者，譬如一灯燃百千灯，冥者皆明，明终不尽。"要在 AI 影响日益深远的世界中蓬勃发展，我们需要深入理解其潜力，培养与 AI 协作的技能，并善用其能力来提升个人与职业生活的品质。

提升自我认知：首先要了解 AI 是什么、其工作原理以及潜在影响。如今，获取 AI 知识的资源非常丰富，包括本书、在线课程、播客和各类文章等。掌握相关知识不仅可以消除因误解而产生的恐惧，还能帮助我们在日常生活中做出更明智的决策。

坚持终身学习：随着 AI 技术的持续发展，在 AI 时代立足所需的技能也在不断变化。我们要秉持终身学习的理念，不断更新自己的知识体系。AI 擅长自动化处理重复性任务，因此，发展那些不易被自动化且能够与 AI 形成互补的技能尤为重要。例如，批判性思维、创造力和情商等软技能，这些能力难以被 AI 复制，在许多职业领域中都备受重视。

参与伦理讨论：参与并鼓励关于 AI 伦理影响的公共讨

论，重点关注数据完整性、就业影响、AI 偏见等核心议题。通过公众层面的广泛参与，推动制定引导 AI 使用的法规与社会规范。同时，每个人都应成为负责任的 AI 使用者。AI 既可用于造福社会的正面目的，也存在被滥用的风险，因此我们必须警惕其潜在风险，确保 AI 的应用方向是为了造福人类社会。

为变革做好准备：在积极拥抱 AI 带来的机遇的同时，也要对信息保持谨慎和怀疑的态度。并非所有的 AI 应用都毫无风险或绝对有益，我们需要仔细甄别信息的来源是否可靠，洞察技术工具背后的设计意图。当前，AI 仍处于早期发展阶段，与之相关的误解和虚假信息层出不穷，因此，我们必须养成核实事实的良好习惯，敢于质疑。面对 AI 将持续重塑日常生活的未来，唯有保持开放的心态，积极适应变化，才是在 AI 时代取得成功的关键。

致 谢

媒体上有关 AI 的主流叙事往往是它将夺走我们的工作，甚至会导致人类文明走向终结。然而，这与我们过去 20 年来亲身经历的 AI、机器学习与高级分析技术所带来的积极影响截然不同。正是这种鲜明的反差，催生了创作本书的灵感。在此，我们衷心感谢家人、朋友、同事、合作者、学生以及行业伙伴，是他们的鼓励与支持，让我们有勇气将这些思考诉诸文字。

首先，我们要向亲爱的家人和朋友表达最诚挚的谢意。

拉维·巴普纳：谨以此书献给我已故的父亲贾瓦哈·辛格·巴普纳博士。他是一位药理学家，其著作《家庭医学全书》（*The Complete Family Medicine Book*）以通俗易懂的语言普及现代医学知识，该书现已再版 12 次，销量突破百万册。[1]

父亲一直鼓励我投身学术领域，并以积极的方式激发他人的潜能。感谢我的妻子索菲亚与女儿梅赫克，她们的爱与支持是我一切成就的基石。她们分别作为我的家庭 1 号审稿人和 2 号审稿人，日复一日地鼓励我追求卓越。同时，我也要感谢如朋友般的家人（妈妈、外公、外婆、舅舅、舅妈、姨妈、姨夫、斯温基、阿吉特叔叔、苏妮塔姨妈、莎昆塔拉姨母），梅奥 86~87 级“多斯特”成员（杜尔盖什和迪格萨、莫蒂和谢尔贾、南迪和钦基、马尼什和卡维塔、沙拉德和马莉卡、曼吉·卡诺塔和桑迪亚·芭比萨、帕舒和达菲、蒙纳和杰伊什里），还有迪普蒂、舒米克和雷努、苏尼尔·杜塔和谢丽尔·霍伊、阿米特和马杜，马尼帕尔理工学院 83 级同窗（卡纳、希希尔、塞蒂亚、凡杜、巴蒂亚、阿尔琼、普雷马尔、赛拉、鲍勃和施维塔、阿努·纳德拉），你们的支持始终是我坚强的后盾。

艾宁德亚·高斯：特别感谢我的妻子德普蒂，她的爱与宝贵支持助我追逐职业理想与人生梦想；感谢女儿阿南雅，她以多种方式丰富了我的生命体验，甚至成了我的登山伙伴。感谢我的父母阿洛克与阿宁迪塔，以及岳父萨蒂什给予我的无条件的爱与支持。同时，感谢其他家庭成员阿拉卡、阿米塔布、拉胡尔、普丽娅、阿尔希亚与阿努什卡的支持，还有亚历克斯与莎哈娜、索菲娅、阿希什与拉万加娜、苏尼尔与阿特拉伊、桑迪普与纳姆拉塔及乌达伊，感谢你们慷慨地分享时间、给予陪伴与智慧。特别感谢印度管理学院加尔各答分校 1998 届的同窗申吉特、尼莱什、普拉尚特、里泰什、潘卡吉，以及 H2 宿舍（旧舍区）的诸位同窗，感谢你们多年来在胜利时刻的欢庆陪伴。

本书中诸多思想源于与优秀同事、合著者以及指导过的众多研究生、企业高管的协作成果。我们诚挚感谢这些群体中的数十位贡献者。过去 20 年来，在诸多领域运用 AI、机器学习与高级分析技术的共同经验，是本书得以完成的重要基石。

艾宁德亚·高斯： 衷心感谢近年来指导的博士生，你们已成为我学术大家庭中的重要成员，并以多种方式丰富了我的生命体验。特别要致谢潘诺斯·阿达莫波洛斯、戈登·伯奇、陈杰森、黄鸿贤、埃里克·权、李熙成（安德鲁）、李贝贝、普拉桑纳·帕拉苏拉马、孙晨硕、王沃利、维尔玛·托德里、徐雨倩。感恩过去 20 年来所有的合著者与学术伙伴，特别向近期的合作者致敬：马克西姆·科恩、傅润珊、郭希同、汉娜·哈拉布达、拉古·艾扬格、李东元、刘晓、罗学明、梅格纳特·马查、拉维什·马亚亚、多米尼克·莫利托、吴元硕、迈克尔·皮内多、马丁·斯潘、丹尼尔·索科尔、亚历克斯·图齐林、斯里拉姆·文卡塔拉曼、余珍珠，感谢诸位的学术友谊与智慧启迪。特别致谢纽约大学斯特恩商学院的同人，尤其是 2018 届商业分析硕士班、高级管理人员工商管理硕士班，以及 TRIUM 全球高管项目的伙伴，我们在美国及世界各地共同度过的星夜畅谈时光，已成为我珍贵的记忆瑰宝。

拉维·巴普纳： 在我的学术与人生之旅中，深受导师阿尔洛克·古普塔教授、保罗·戈斯教授的启迪，同时承蒙康涅狄格大学早期引路人吉姆·马斯登教授、罗伯特·加芬克尔教授，以及现任威斯康星商学院院长瓦拉布·桑巴默蒂教授的悉心指引。本书中的思想，在与斯里和阿克斯·扎希尔、斯维特拉娜·马扎尔及米基·洪佐于明尼苏达州雪夜中的美酒畅谈中，得到了进一步的淬炼。在此，我要特别向我的合作者格达斯·阿多马维丘斯、戈德·伯奇、陈杰森、桑迪普·甘加拉普、拉姆·戈帕尔、郑在俊（音）、尼什塔·兰格、埃德·麦克法兰、阿米特·梅赫拉、朱伊·拉玛普拉萨德、孙天舒（音）、高塔姆·雷、莎拉·赖斯、加利特·施穆埃利、阿赫梅德·乌米亚罗夫、周美姿（音）致以崇高敬意，感谢诸位的深刻洞见与卓越才华。

我们共同感谢多位业界同人和挚友的鼎力支持与协作。

艾宁德亚 · 高斯： 我特别感谢丹尼尔 · 菲舍尔邀请我加入Compass Lexecon公司，这一契机彻底改变了我职业发展的轨迹。作为全球备受瞩目的反垄断与隐私诉讼案件的专家证人，这段经历极大地拓宽了我的专业视野，加深了我对行业的认知，对我和家人而言，都是改变人生的际遇。托德 · 肯德尔、尼尔 · 麦克梅纳明、王南希等康帕斯莱克松同事也让我受益良多，在此一并致谢。同时，感谢基石研究与分析集团的昔日同人拉胡尔 · 古哈、阿维盖尔 · 基弗、尚卡尔（肖恩）· 艾耶和丽贝卡 · 柯克 · 费尔。在企业界的其他领域，衷心感谢阿克沙伊 · 查图维迪、朱莉娅 · 赵、索加塔 · 古普塔、拉杰什 · 贾因、乔纳森 · 科普尼克、拉姆 · 塞拉拉特南和王沃利为我提供的宝贵机遇。

拉维 · 巴普纳： 在产业界，首先要感谢南丹 · 尼勒卡尼先生，他始终不吝赐教，向世界充分展现了Aadhaar数字身份系统与统一支付接口（UPI）等全民级数字公共基础设施的价值。同时，衷心感谢马尼克·古普塔、乔·戈尔登、乔纳森·赫什、迈克·马蒂尼、谭穆尔西、阿肖克·雷迪、克里斯蒂安·拉德、艾伦 · 特拉德与普拉莫德 · 瓦尔玛，他们的行业洞见与合作精神，令我受益匪浅。

在本书相关主题以及人生探讨方面，我们从与因德拉尼尔·巴丹、拉姆纳特·切拉帕、布雷特·达纳赫、卡洛斯·费尔南德斯、佩德罗·费雷拉、顾斌、阿洛克·古普塔、吴庆勇、阿维·戈德法布、金秉朝、拉玛亚·克里希南、李希同、阿米特·梅赫拉、巴拉吉·帕德马纳班、加尔·奥斯特莱歇尔－辛格、V. 桑巴穆尔蒂、帕拉姆维尔·辛格、普拉桑纳·坦贝、凯瑟琳·塔克、苏尼尔·瓦塔尔和郑荣的交流中受益良多。特别感谢在纽约大学、卡耐基梅隆大学和沃顿商学院求学期间，莫尔·阿莫尼、大卫·贝尔、埃里克·布拉德洛、杰拉德·卡雄、图林·埃尔德姆、皮特·法德尔、伊丽莎白·莫里森、特里达斯·慕克吉、乌代·拉詹、罗伯·西曼斯、拉古·桑达拉姆、巴蒂亚·维森菲尔德、拉斯·温纳和艾坦·泽梅尔在我职业生涯关键节点给予的建议与支持。

众多人士为本书手稿提供了宝贵的意见。帕诺斯·阿达莫普洛斯、谢丽尔·霍伊、纳拉扬·拉马钱德兰、明迪·蔡和安贾利·布拉格拉医生审阅了早期草稿，并提出了至关重要的建议，帮助我们提炼核心观点。我们对他们付出的时间与热忱深表感激。麻省理工学院出版社的凯瑟琳·卡鲁索、朱莉娅·柯林斯，以及李·托马斯和明迪·福尔曼提供了卓越的编辑支持。

倘若没有他们的帮助，本书难以呈现出如今的最终模样。最后，特别要感谢麻省理工学院出版社的凯瑟琳·伍兹，感谢您对本书核心理念的坚定认可。

注释

01 “AI 之屋”框架

1. Matthew Rosenberg, Nicholas Confessore, and Carole Cadwalladr, “How Trump Consultants Exploited the Facebook Data of Millions,” *New York Times*, March 17, 2018, https://www.nytimes.com/2018/03/17/us/politics/cambridge-analytica-trump-campaign.html.
2. Stuart A. Thompson and Charlie Warzel, “Opinion | Twelve Million Phones, One Dataset, Zero Privacy,” *New York Times*, December 19, 2019, https://www.nytimes.com/interactive/2019/12/19/opinion/location-tracking-cell-phone.html.
3. Frank Pasquale and Gianclaudio Malgieri, “Opinion | If You Don’t Trust A.I. Yet, You’re Not Wrong,” *New York Times*, July 30, 2021, https://www.nytimes.com/2021/07/30/opinion/artificial-intelligence-european-union.html.
4. Fabrizio Dell’ Acqua, Edward McFowland, Ethan R. Mollick, Hila Lifshitz-Assaf, Katherine Kellogg, Saran Rajendran, Lisa Krayer, François Candelon, and Karim R. Lakhani, “Navigating the Jagged Technological

Frontier: Field Experimental Evidence of the Effects of AI on Knowledge Worker Productivity and Quality," Harvard Business School Technology & Operations Mgt. Unit Working Paper No. 24-013, September 15, 2023, https://ssrn.com/abstract=4573321.

5. Julia Dressel and Hany Farid, "The Accuracy, Fairness, and Limits of Predicting Recidivism," *Science Advances* 4, no. 1 (January 17, 2018), https://doi.org/10.1126/sciadv.aao5580. 这篇文章指出，被用于预测再犯风险、刑事量刑决策的 COMPAS 算法，在对待黑人和白人被告时，存在系统性的误差差异：没有再犯的黑人被告被错误预测为会再犯的比例为 44.9%，几乎是白人被告（23.5%）的两倍；而确实再犯的白人被告被错误预测为不会再犯的比例为 47.7%，也几乎是黑人被告（28.0%）的两倍。
6. Helen Johnson, "The (Im)Proper Meshing of the Corporate Media and the Military-Industrial Complex," *Miscellany News*, May 13, 2021, https://miscellanynews.org/2021/05/13/opinions /the-improper-meshing-of-the-corporate-media-and-the-military-industrial-complex/.
7. Cathy O'Neil, *Weapons of Math Destruction: How Big Data Increases Inequality and Threatens Democracy* (New York: Crown, 2017); Sufiya Umoja Noble, *Algorithms of Oppression: How Search Engines Reinforce Racism* (New York: NYU Press, 2018); Matthew Gault, "A Dystopia Where AI Runs U.S. Healthcare and Asks Patients to Die," *CYBER*, August 18, 2022, https://shows.acast.com/cyber/episodes/a-dystopia-where-ai-runs-us-healthcare-and-asks-patients-to-.
8. James Vincent, "'Godfathers of AI' honored with Turing Award, the Nobel Prize of Com puting," *The Verge*, March 27, 2019, https://www.theverge.com/2019/3/27/18280665/ai-godfathers-turing-award-2018-yoshua-bengio-geoffrey-hinton-yann-lecun.

9. Zoe Kleinman and Chris Vallance, "AI 'Godfather' Geoffrey Hinton Warns of Dangers as He Quits Google," *BBC News*, May 2, 2023, https://www.bbc.com/news/world-us-canada-65452940.

10. Yann LeCun [@ylecun]: "This is absolutely correct. The most common reaction by AI researchers to these prophecies of doom is face palming," Twitter, May 4, 2023, 8:05 a.m., https://twitter.com/ylecun/status/1654125161300520967.

11. Elizabeth Gibney, "The Scant Science behind Cambridge Analytica's Controversial Marketing Techniques," *Nature*, March 29, 2018, https://doi.org/10.1038/d41586-018-03880-4.

12. Dean Eckles, Brett A. Gordon, and Garrett M. Johnson, "Field Studies of Psychologically Targeted Ads Face Threats to Internal Validity," *Proceedings of the National Academy of Sciences of the United States of America* 115, no. 23 (May 18, 2018), https://doi.org/10.1073/pnas.1805363115.

13. Taylor McNeil, "Did Cambridge Analytica Sway the Election?" *Tufts Now*, May 17, 2018, https://now.tufts.edu/2018/05/17/did-cambridge-analytica-sway-election.

14. "Compass Lexecon Client Meta (Formerly Facebook) Prevails in Consumer Privacy Suit Related to Cambridge Analytica," June 7, 2023, https://www.compasslexecon.com/cases/compass-lexecon-client-meta-formerly-facebook-prevails-in-consumer-privacy-suit-related-to-cambridge-analytica/.

15. Android, "Emergency Location Service," n.d., https://www.android.com/safety/emergency-help/emergency-location-service/.

16. Anindya Ghose, Beibei Li, Meghanath Macha, Chenshuo Sun, and Natasha Zhang Foutz, "Trading Privacy for the Greater Social Good:

How Did America React During COVID-19?," Social Science Research Network working paper, January 1, 2022, https://doi.org/10.2139/ssrn.3624069.

17. Statements issued by FCC Chairman Wheeler and Commissioners Clyburn and Rosenworcel on *Third Further Notice of Proposed Rulemaking* (NPRM) in the Matter of Wireless E911 Location Accuracy Requirements (FCC 14–13), Washington, DC: Federal Communications Commission, February 21, 2014, 15, https://www.documentcloud.org/documents/2195636-fcc-third-nprm-february-2014.html#document/p15.
18. Garth H. Rauscher, Jenna Khan, Michael L. Berbaum, and Emily F. Conant, "Potentially Missed Detection with Screening Mammography: Does the Quality of Radiologist's Interpretation Vary by Patient Socioeconomic Advantage/Disadvantage?," *Annals of Epidemiology* 23, no. 4 (April 2013): 210–214, https://doi.org/10.1016/j.annepidem.2013.01.006.
19. Brad N. Greenwood, Rachel R. Hardeman, Laura Huang, and Aaron Sojourner, "Physician–Patient Racial Concordance and Disparities in Birthing Mortality for Newborns," *PNAS (Proceedings of the National Academy of Sciences of the United States of America)* 117, no. 35 (August 17, 2020): 21194–21200, https://doi.org/10.1073/pnas.1913405117.
20. 常见方法基于毕达哥拉斯定理（即勾股定理）（$a^2 + b^2 = c^2$）计算欧几里得距离，该定理源自公元前 570 年前后的希腊哲学家毕达哥拉斯。参见 "Pythagorean Theorem | Definition & History," *Encyclopedia Britannica*, March 10, 2005, https://www.britannica.com/science/Pythagorean-theorem。
21. 还有更为复杂的异常检测算法。我们会在分析类研究生课程中教授这些算法，但它们并非本书的重点。在这里，我们以最简路径阐述这些算法的机制，同时承认存在更复杂的方法。

22. 重申一次，还有更为复杂的异常检测算法。我们会在分析类研究生课程中教授这些算法，但它们并非本书的重点。在这里，我们以最简路径阐述这些算法的机制，同时承认存在更复杂的方法。

23. Nils Strodthoff and Claas Strodthoff, “Detecting and Interpreting Myocardial Infarction Using Fully Convolutional Neural Networks,” *Physiological Measurement* 40, no. 1 (January 15, 2019): 015001, https://doi.org/10.1088/1361-6579/aaf34d.

24. Zhaoqi Cheng, Dokyun Lee, and Prasanna Tambe, “InnoVAE: Generative AI for Under standing Patents and Innovation,” Social Science Research Network working paper, March 1, 2022, https://doi.org/10.2139/ssrn.3868599.

25. OpenAI, “GPT-4 Technical Report,” *ArXiv*, (2023), accessed June 27, 2023, https://arxiv.org/abs/2303.08774.

26. Shunyuan Zhang, Dokyun Lee, Param Vir Singh, and Kannan Srinivasan, “What Makes a Good Image? Airbnb Demand Analytics Leveraging Interpretable Image Features,” *Manage ment Science* 68, no. 8 (August 1, 2022): 5644–5666, https://doi.org/10.1287/mnsc.2021.4175.

27. Jeffrey Dastin, “Amazon Scraps Secret AI Recruiting Tool That Showed Bias against Women,” *Reuters*, October 10, 2018, https://www.reuters.com/article/us-amazon-com-jobs-automation-insight/amazon-scraps-secret-ai-recruiting-tool-that-showed-bias-against-women-idUSKCN1MK08G.

28. Danielle Li, Lindsey R. Raymond, and Peter Bergman, “Hiring as Exploration,” *National Bureau of Economic Research* Working Paper No. w27736, August 1, 2020, https://doi.org /10.3386/w27736.

29. Jae U. Jung, Ravi Bapna, Jui Ramaprasad, and Akhmed Umyarov, “Love

Unshackled: Identi fying the Effect of Mobile App Adoption in Online Dating," *MIS Quarterly* 43, no. 1 (January 1, 2019): 47–72, https://doi.org/10.25300/misq/2019/14289.

30. Edward McFowland, Sandeep Gangarapu, Ravi Bapna, and Tianshu Sun, "A Prescriptive Analytics Framework for Optimal Policy Deployment Using Heterogeneous Treatment Effects," *MIS Quarterly* 45, no. 4 (October 14, 2021): 1807–1832, https://doi.org/10.25300/misq/2021/15684.

02 AI 助力寻觅爱情

1. David Kushner, "Recruiting Women to Online Dating Was a Challenge," *The Atlantic*, April 10, 2019, https://www.theatlantic.com/technology/archive/2019/04/how-matchcom-digitized-dating/586603/.
2. Sara Murphy, "88% of You Will Swipe Right for This," *Refinery 29*, October 3, 2015, https://www.refinery29.com/en-us/2015/10/95118/grammar-online-dating.
3. Michael Mager, "Could Bad Grammar Mean a Lonely Valentine's Day for Dating Hopefuls?," *Grammarly* (blog), February 1, 2019, https://www.grammarly.com/blog/could-bad-grammar-mean-a-lonely-valentines-day-for-dating-hopefuls/.
4. Tim Harford, "Online Dating? Swipe Left," *Financial Times*, February 12, 2016, https://www.ft.com/content/b1a82ed2-8e34-11e5-8be4-3506bf20cc2b. Quoting Michael Norton, psychologist at Harvard Business School.
5. Nancy Jo Sales, "Tinder Is the Night," *Vanity Fair | the Complete Archive*, September 1, 2015, https://archive.vanityfair.com/article/2015/9/tinder-is-the-night. Quoting Justin Garcia of Indiana University's Kinsey Institute

for Research in Sex, Gender, and Reproduction.

6. Michael J. Rosenfeld and Reuben J. Thomas, "Searching for a Mate: The Rise of the Internet as a Social Intermediary," *American Sociological Review* 77, no. 4 (June 13, 2012): 523–547 at 526, https://doi.org/10.1177/0003122412448050.

7. Michael J. Rosenfeld, Reuben J. Thomas, and Sonia Hausen, "Disintermediating Your Friends: How Online Dating in the United States Displaces Other Ways of Meeting," *Proceedings of the National Academy of Sciences* 116, no. 36 (August 20, 2019): 17753–17758 at 17754, https://doi.org/10.1073/pnas.1908630116.

8. Rosenfeld, Thomas，Hausen"Disintermediating Your Friends"："人们可能不太愿意与亲友分享自己的择偶偏好和相关活动。亲友牵线的基础是了解双方的择偶需求，而在脸书上通过朋友认识其朋友（即被动牵线），会使择偶行为暴露在众多人面前。与完全陌生的网友约会，私密性反而高于与朋友的朋友约会。而这种私密性必然会带来一个结果：线上初识阶段因物理距离产生的缓冲层，能提升个人安全保障。"另见 Brett P. Kennedy, "A History of the Digital Self: The Evolution of Online Dating," *Psychology Today*, September 22, 2010, https://www.psychologytoday.com/us/blog/the-digital-self/201009/history-the-digital-self-the-evolution-online-dating："匿名性让人们得以展现真实自我或创造性的另一面。聊天室使人们敢于冒险，大胆地表达自己的内心。"

9. Jennifer L. Gibbs, Nicole B. Ellison, and Rebecca D. Heino, "Self-Presentation in Online Personals,"*Communication Research* 33, no. 2 (April 1, 2006): 152–177 at 152, https://doi.org/10.1177/0093650205285368.

10. "在线约会网站有望通过数据分析、实验和机器学习持续优化匹配算法。"引自 Michael J. Rosenfel, Reuben Thomas, and Sonia Hausen,

"Disintermediating Your Friends：How Online Dating in the United States Displaces Other Ways of Meeting," *Proceedings of the National Academy of Sciences* 116, no. 36 (August 20, 2019): 17753–17758 at 17754, https://doi.org/10.1073/pnas.1908630116.

11. eharmony Editorial Team, "eharmony's 32 Dimensions of Compatibility Explained," *eharmony*, November 4, 2021, https://www.eharmony.co.uk/dating-advice/using-eharmony/32 -dimensions-compatibility-explained.
12. David Gelles, "Inside Match.com: It's All about the Algorithm," *Slate Magazine*, July 30, 2011, https://slate.com/human-interest/2011/07/inside-match-com-it-s-all-about-the-algorithm.html.
13. 例如：Adam Joinson, "Causes and Implications of Disinhibited Behavior on the Internet," in *Psychology and the Internet: Intrapersonal, Interpersonal, and Transpersonal Implications*, ed. Jayne Gackenbach (San Diego: Academic Press, 1998), 43–60; John R. Suler, "The Online Disinhibition Effect," *Cyberpsychology & Behavior* 7, no. 3 (June 1, 2004): 321–326, https://doi.org/10.1089/1094931041291295。
14. Tina M. Harris and Pamela J. Kalbfleisch, "Interracial Dating: The Implications of Race for Initiating a Romantic Relationship," *Howard Journal of Communications* 11, no. 1 (January 1, 2000): 49–64, https://doi.org/10.1080/106461700246715; John E. Pachankis and Marvin R. Goldfried, "Social Anxiety in Young Gay Men," *Journal of Anxiety Disorders* 20, no. 8 (January 1, 2006): 996–1015, https://doi.org/10.1016/j.janxdis.2006.01.001.
15. Ravi Bapna, Jui Ramaprasad, Galit Shmueli, and Akhmed Umyarov, "One-Way Mirrors in Online Dating: A Randomized Field Experiment," *Management Science* 62, no. 11 (November 1, 2016): 3100–3122, https://doi.org/10.1287/mnsc.2015.2301.

16. Bapna et al., “One-Way Mirrors in Online Dating,” 3101; 原文强调。
17. “在传统场景中，人们通过电脑登录约会网站，而手机应用让用户能随时随地使用约会服务——就像拨打电话一样便捷。” 引自 Lik Sam Chan, “Who Uses Dating Apps? Exploring the Relationships among Trust, Sensation-Seeking, Smartphone Use, and the Intent to Use Dating Apps Based on the Integrative Model,” *Computers in Human Behavior* 72 (July 1, 2017): 246–258 at 247, https://doi.org/10.1016/j.chb.2017.02.053。
18. “约会应用的独特性使其区别于一般在线约会。具体而言，推送通知功能全天提醒新匹配和对话，强化了用户的约会意识；地理位置功能支持寻找附近用户，便于线下见面。” 引自 Sindy R. Sumter and Laura Vandenbosch, “Dating Gone Mobile: Demographic and Personality-Based Correlates of Using Smartphone-Based Dating Applications among Emerging Adults,” *New Media & Society* 21, no. 3 (October 20, 2018): 655–673 at 656, https://doi.org/10.1177/1461444818804773。

    另见 Ranzini, Giulia, and Christoph Lutz, “Love at First Swipe? Explaining Tinder Self-Presentation and Motives,” *Mobile Media and Communication* 5, no. 1 (September 16, 2016): 80–101 at 82, https://doi.org/10.1177/2050157916664559：“智能手机的便携性使 Tinder 能在公私场合使用，而传统桌面端约会网站多限于私人空间。移动媒体的可及性提升了使用频率和即时性，定位功能则实现了近距离匹配——这是 Tinder 的核心特征。这种功能也增强了 Tinder 的社交属性，比如用户会和朋友一起浏览其他用户的资料并进行评论，类似于一种娱乐活动。”
19. Chris Fox, “10 Years of Grindr: A Rocky Relationship,” *BBC News*, March 25, 2019, https://www.bbc.com/news/technology-47668951.
20. Kara Carlson, “What Is Bumble and How It Grew into an Industry Power—and How It Expects to Keep Growing,” *Austin American-Statesman*,

February 12, 2021, https://www.statesman.com/story/business/2021/02/11/how-bumble-became-dating-app-powerhouse/6724959002/.

21. “在广受欢迎的约会应用 Tinder 和 Grindr 成功之后，出现了诸如 Happn、Bumble 等多个新型约会应用。此外，一些传统的约会网站也开发了自己的 App（如 OkCupid）。” 引自 Sindy R. Sumter and Laura Vandenbosch, “Dating Gone Mobile: Demographic and Personality-Based Correlates of Using Smartphone-Based Dating Applications among Emerging Adults,” *New Media & Society* 21, no. 3 (October 20, 2018): 655–673 at 665, https://doi.org/10.1177/1461444818804773。
22. Niloofar Abolfathi, “Dating Disruption—How Tinder Gamified an Industry,” *MIT Sloan Management Review Reprint* #61325, February 13, 2020, at 2,https://sloanreview.mit.edu/article/dating-disruption-how-tinder-gamified-an-industry/; 原文强调。
23. Jeana H. Frost, Zoe Chance, Michael I. Norton, and Dan Ariely, “People Are Experience Goods: Improving Online Dating with Virtual Dates,” *Journal of Interactive Marketing* 22, no. 1 (February 1, 2008): 51–61, https://doi.org/10.1002/dir.20107; 原文强调。
24. Niloofar Abolfathi, “Dating Disruption—How Tinder Gamified an Industry,” *MIT Sloan Management Review* Reprint #61325, February 13, 2020, https://sloanreview.mit.edu/article/dating-disruption-how-tinder-gamified-an-industry/.
25. Aaron Smith, “15% of American Adults Use Online Dating Sites or Mobile Apps,” Pew Research Center: Internet, Science & Tech, February 11, 2016, https://www.pewresearch.org/internet/2016/02/11/15-percent-of-american-adults-have-used-online-dating-sites-or-mobile-dating-apps/。
26. “Tinder 联合创始人 Mateen 解释道，Tinder 之所以能实现快速增长，是因为其率先在美国大学生群体中进行推广。高中生向往大学生活，而成年人则对大学时光心怀眷恋。”引自 Stuart Dredge, “Tinder:The ‘Painfully Honest’ Dating App with Wider Social Ambitions,”*Guardian*, February 24, 2014, https://www.theguardian.com/technology/2014/feb/24/tinder-dating-app-social-networks。

27. “1997年起，随着Web 2.0技术（如动态网页取代静态HTML）兴起，在线约会开始蓬勃发展。”引自 Bernie Hogan, nai li, and William H. Dutton, “A Global Shift in the Social Relationships of Networked Individuals: Meeting and Dating Online Comes of Age,” Social Science Research Network working paper, February 14, 2011, at 10, https://papers.ssrn.com/sol3/papers.cfm?abstract_id=1763884。

28. Michael J. Rosenfeld and Reuben Thomas, “Searching for a Mate,”*American Sociological Review* 77, no. 4 (June 13, 2012): 523–547 at 544, https://doi.org/10.1177/0003122412448050. 作者推断年轻人有更多择偶渠道，因此对网络约会的需求较低。

29. “或许，对于小型新兴企业而言，在开拓基于颠覆性技术的新兴市场时，最强有力的保障之一在于，它们所从事的事情，老牌领先企业根本没有理由涉足。尽管这些大公司在技术、品牌、制造能力、管理经验、渠道资源以及资金等方面具备优势，但由优秀管理者领导的成功企业，往往很难开展那些不符合自身盈利模式的业务。因为在颠覆性技术最需要投入的关键年份，这些技术总是看起来毫无意义。因此，大公司所秉持的传统管理理念，实际上形成了一种进入壁垒和流动障碍，而这恰恰为创业者和投资人创造了可乘之机。”引自 Clayton M. Christiansen, *The Innovator's Dilemma* (Boston: Harvard Business School Press, 1997), 228, https://www.hbs.edu/faculty/Pages/item.aspx?num=46。

30. “Tinder之所以能够实现爆发式增长，主要得益于两大核心要素：一是专注于年轻人这一此前被忽视的细分市场；二是融入类似游戏的新功能，如资料滑动浏览和各种奖励机制，改变了用户体验，降低了这一特定细分市场的消费门槛。”引自 Niloofar Abolfathi, “Dating Disruption—How Tinder Gamified an Industry,” *MIT Sloan Management Review* Reprint #61325, February 13, 2020, at 1–2, https://sloanreview.mit.edu/article/dating-disruption-how-tinder-gamified-an-industry/。

31. “Tinder 运用全新算法，根据用户与他人匹配的成功率对其进行排名。这一机制激励用户策略性地参与游戏互动，从而产生由算法界定、基于声誉的真实行为展现。”引自 Stefanie Duguay, “Dressing up Tinderella: Interrogating Authenticity Claims on the Mobile Dating App Tinder,” *Information, Communication & Society* 20, no. 3 (March 30, 2016): 351–367, https://doi.org/10.1080/1369118x.2016.1168471。
32. Takuma Kakehi, “Extra-Gamified: Why Are Some Apps So Satisfying?,” *Medium*, March 21, 2019, https://uxdesign.cc/extra-gamified-why-are-some-apps-so-satisfying-7ae8df998394.
33. Anil Isisag, “Mobile Dating Apps and the Intensive Marketization of Dating: Gamification as a Marketizing Apparatus,” in *NA—Advances in Consumer Research*, vol. 47, ed. Rajesh BagchiLauren Block, and Leonard Lee(Duluth, MN: Association for Consumer Research, 2019), 135–141 at 136.
34. Niloofar Abolfathi, “Dating Disruption—How Tinder Gamified an Industry,” *MIT Sloan Management Review* Reprint #61325, February 13, 2020, at 4, https://sloanreview.mit.edu/article/dating-disruption-how-tinder-gamified-an-industry/.
35. Janelle Ward, “What Are You Doing on Tinder? Impression Management on a Matchmaking Mobile App,” *Information, Communication & Society* 20, no. 11 (November 6, 2016): 1644–1659 at 1649–1650, https://doi.org/10.1080/1369118X.2016.1252412.

36. Laura Stampler, "Inside Tinder: Meet the Guys Who Turned Dating into an Addiction," *Time*, February 6, 2014, https://time.com/4837/tinder-meet-the-guys-who-turned-dating-into-an-addiction/.
37. Scott Hurff, *Designing Products People Love: How Great Designers Create Successful Products*, O'Reilly Media, Inc., 2015, https://www.oreilly.com/library/view/designing-products-people/9781491923696/.
38. Eric Johnson, "Swiping on Tinder Is Addictive. That's Partly Because It Was Inspired by an Experiment That 'Turned Pigeons into Gamblers.'" *Vox*, September 19, 2018, https://www.vox.com/2018/9/19/17877004/nancy-jo-sales-swiped-hbo-documentary-tinder-dating-app-addictive-pigeon-kara-swisher-decode-podcast. 引用记者南希・乔・塞尔斯在其 HBO 纪录片《数字时代的恋爱游戏》中的陈述："这源于 B.F. 斯金纳的著名实验。斯金纳是一位饱受争议的人物，在一些人看来，这位社会学家甚至有些阴险，被称为操控行为的'邪恶天才'。他的研究几乎完全围绕着行为控制展开，就像在说'你看，看我们能做到什么，看我们能让人们做些什么'，当然，这里的对象也可以换成鸽子。我的研究团队找到了一段其实验的影像资料：笼中的鸽子啄食时，固定奖励会让其厌倦，但随机奖励机制（啄食可能获得食物，也可能落空）会使鸽子像赌徒般持续啄食。Tinder 的滑动机制与之同理——你永远不知道下一个人是否会匹配成功，这种不确定性让人欲罢不能。以至于很多人沉迷匹配过程本身，而非真正在意实际约会。"
39. Scott Hurff, *Designing Products People Love: How Great Designers Create Successful Products*, O'Reilly Media, Inc., 2015, https://www.oreilly.com/library/view/designing-products-people/9781491923696/.
40. Monica Anderson and Emily A. Vogels, "Young Women Often Face Sexual Harassment Online—Including on Dating Sites and Apps," *Pew*

Research Center, March 6, 2020, https://www.pewresearch.org/fact-tank/2020/03/06/young-women-often-face-sexual-harassment-online-including-on-dating-sites-and-apps/.

41. Stefanie Duguay, "Dressing Up Tinderella: Interrogating Authenticity Claims on the Mobile Dating App Tinder," *Information, Communication & Society* 20, no. 3 (March 30, 2016): 351–367 at 356, https://doi.org/10.1080/1369118X.2016.1168471.
42. Duguay, "Dressing Up Tinderella," 第 359 页："禁止上传手机实时拍摄照片的功能，通过强制使用脸书或 Instagram 既有照片，塑造了特定的真实性标准。"
43. Thomas Barrie, "How Whitney Wolfe Herd Created Bumble, the $13 Billion Dating App That Will Save the Internet," *British GQ*, May 17, 2021, https://www.gq-magazine.co.uk/lifestyle/article/whitney-wolfe-herd-interview-2021.
44. Barrie, "How Whitney Wolfe Herd Created Bumble."
45. Charlotte Alter/Austin, "How Whitney Wolfe Herd Turned a Vision of a Better Internet into a Billion-Dollar Brand," *Time*, March 19, 2021, https://time.com/5947727/whitney-wolfe-herd-bumble/.
46. Thedatingverse, "Virtual Reality Date Coaching," accessed September 22, 2022, https://www.thedatingverse.com/.
47. HBO, *We Met in Virtual Reality*, official website for the HBO series, n.d., https://www.hbo.com/movies/we-met-in-virtual-reality.

03 AI 改善人际关系

1. Makena Kelly, "Inside Nextdoor's 'Karen Problem,'" *The Verge*, June 8, 2020, https://www.theverge.com/21283993/nextdoor-app-racism-community-moderation-guidance-protests.

2. Bobby Allyn, “It’s ‘Our Fault’: Nextdoor CEO Takes Blame for Deleting of Black Lives Matter Posts,” *NPR*, July 1, 2020, https://www.npr.org/2020/07/01/886147665/it-s-our-fault-nextdoor-ceo-takes-blame-for-censorship-of-black-lives-matter-pos.
3. Alison Van Houten, “Time100 Most Influential Companies of 2022; Nextdoor: Prompting Kindness,” *Time*, March 30, 2022, https://time.com/collection/time100-companies-2022/6159411/nextdoor-leaders/.
4. Nextdoor, “Nextdoor Launches New Neighbor Features to Increase Transparency and Encourage Constructive Conversations,” press release, May 3, 2022, https://about.nextdoor.com/press-releases/nextdoor-launches-new-neighbor-features-to-increase-transparency-and-encourage-constructive-conversations/.
5. Mike Schuster and Kuldip K. Paliwal, “Bidirectional Recurrent Neural Networks,” *IEEE Transactions on Signal Processing* 45, no. 11 (January 1, 1997): 2673–2681, https://doi.org/10.1109/78.650093.
6. Sepp Hochreiter and Jürgen Schmidhuber, “Long Short-Term Memory,” *Neural Computation* 9, no. 8 (November 1, 1997): 1735–1780, https://doi.org/10.1162/neco.1997.9.8.1735.
7. Jaipur Literature Festival, “Home,” September 16, 2013, accessed November 15, 2022, https://jaipurliteraturefestival.org/.
8. Hector Yee and Bar Ifrach, “Aerosolve: Machine Learning for Humans,” *The Airbnb Tech Blog*, in *Medium*, June 4, 2015, https://medium.com/airbnb-engineering/aerosolve-machine-learning-for-humans-55efcf602665.
9. Shunyuan Zhang, Nitin Mehta, Param Vir Singh, and Kannan Srinivasan, “Frontiers: Can an Artificial Intelligence Algorithm Mitigate Racial Economic Inequality? An Analysis in the Context of Airbnb,” *Marketing*

Science 40, no. 5 (September 1, 2021): 813–820, https://doi.org/10.1287/mksc.2021.1295.

10. Jennifer Skeem and Christopher Lowenkamp. “Using Algorithms to Address Trade-Offs Inherent in Predicting Recidivism,” *Behavioral Sciences & the Law* 38, 3 (2020), 259–278, https://doi.org/10.1002/bsl.2465.
11. Julia Angwin, Jeff Larson, Surya Mattu, and Lauren Kirchner, “Machine Bias,” *ProPublica*, May 23, 2016, https://www.propublica.org/article/machine-bias-risk-assessments-in-criminal-sentencing.
12. David M. Blei, Andrew Y. Ng, and Michael I. Jordan, “Latent Dirichlet Allocation,” *Journal of Machine Learning Research* 3 (January 2003): 993–1022, https://jmlr.csail.mit.edu/papers/v3/blei03a.html.
13. Michelle Du, “Discovering and Classifying In-App Message Intent at Airbnb,” *Medium*, January 22, 2019, https://medium.com/airbnb-engineering/discovering-and-classifying-in-app-message-intent-at-airbnb-6a55f5400a0c.
14. Airbnb, “A Letter from Co-Founder Joe Gebbia,” *Airbnb Newsroom*, July 21, 2022, https://news.airbnb.com/a-letter-from-co-founder-joe-gebbia/.
15. Brian Chesky [@bchesky], “My letter to the Airbnb team about @jgebbia. [picture 4],” Twitter, July 21, 2021, 11:39 p.m., https://twitter.com/bchesky/status/1550354758266863616/photo/4.
16. “A Letter from Co-Founder Joe Gebbia,” *Airbnb Newsroom*, July 21, 2022, https://news.airbnb.com/a-letter-from-co-founder-joe-gebbia/.
17. Rob Walker, “Airbnb Pits Neighbor Against Neighbor in Tourist-Friendly New Orleans,” *New York Times*, March 13, 2016, https://www.nytimes.com/2016/03/06/business/airbnb-pits-neighbor-against-neighbor-in-tourist-friendly-new-orleans.html.

18. Makarand Mody, Courtney Suess, and Tarik Dogru, "Does Airbnb Impact Non-Hosting Residents' Quality of Life? Comparing Media Discourse with Empirical Evidence," *Tourism Management Perspectives* 39 (July 1, 2021): 100853, https://doi.org/10.1016/j.tmp.2021.100853.
19. Louis Bouchard, "How Uber Uses AI to Serve You Better," *Louis Bouchard* (blog), May 21, 2022, https://www.louisbouchard.ai/uber-deepeta/.
20. John Koetsier, "Uber Might Be the First AI-First Company, Which Is Why They 'Don't Even Think About It Anymore,'" *Forbes*, August 22, 2018, https://www.forbes.com/sites/johnkoetsier/2018/08/22/uber-might-be-the-first-ai-first-company-which-is-why-they-dont-even-think-about-it-anymore/.
21. "How Lyft Is Using AI to Keep Customers Happy (VB Live)," *VentureBeat*, May 24, 2018, https://venturebeat.com/ai/how-lyfts-using-ai-to-keep-customers-happy-vb-live/.
22. Jay Caspian Kang, "The Boy King of YouTube," *New York Times Magazine*, January 5, 2022, https://www.nytimes.com/2022/01/05/magazine/ryan-kaji-youtube.html.
23. Arun Sundararajan, *The Sharing Economy: The End of Employment and the Rise of Crowd-Based Capitalism* (Cambridge, MA: MIT Press, 2017).
24. Paul Resnick and Richard J. Zeckhauser, "Trust among Strangers in Internet Transactions: Empirical Analysis of eBay's Reputation System," in *The Economics of the Internet and E-Commerce (Advances in Applied Microeconomics, Vol. 11)*, ed. Michael R. Baye (Bingley, UK: Emerald Publishing Limited, 2002), 127–157.
25. Jorge Mejia and Chris Parker, "When Transparency Fails: Bias and Financial Incentives in Ridesharing Platforms," *Management*

Science 67, no. 1 (January 1, 2021): 166–184, https://doi.org/10.1287/mnsc.2019.3525.

26. Bobby Allyn, Bobby. "Uber Fires Drivers Based On 'Racially Biased' Star Rating System, Lawsuit Claims," *NPR*, October 26, 2020, https://www.npr.org/2020/10/26/927851281/uber-fires-drivers-based-on-racially-biased-star-rating-system-lawsuit-claims.
27. Megan Rose Dickey, "Study Says Uber and Lyft Have Racial Discrimination Problems," *TechCrunch*, October 31, 2016, https://techcrunch.com/2016/10/31/study-uber-and-lyft-racial-discrimination/.
28. Joshua Brustein, "Discrimination Runs Rampant throughout the Gig Economy, Study Finds," *Mashable*, November 22, 2016, https://mashable.com/article/gig-economy-discrimination-bloomberg.
29. Benjamin Edelman, Michael Luca, and Dan Svirsky, "Racial Discrimination in the Sharing Economy: Evidence from a Field Experiment," *American Economic Journal: Applied Economics* 9, no. 2 (April 1, 2017): 1–22, https://doi.org/10.1257/app.20160213.
30. Bastian Jaeger and Willem W. A. Sleegers, "Racial Disparities in the Sharing Economy: Evidence from More than 100,000 Airbnb Hosts across 14 Countries," *Journal of the Association for Consumer Research* 8, no. 1 (January 1, 2023): 33–46, https://doi.org/10.1086/722700.
31. Anagha Srikanth, "Despite Changes, LGBTQ+ and Racial Discrimination Persists in Uber, Lyft," *The Hill*, July 30, 2020, https://thehill.com/changing-america/respect/equality/509817-despite-changes-lgbtq-and-racial-discrimination-persists-in/.
32. Brian Chesky, "Fighting Discrimination and Creating a World Where Anyone Can Belong Anywhere," *Airbnb* (blog), September 8, 2016, https://news.airbnb.com/fighting-discrimination-and-making-airbnb-

more-diverse/.

33. Juliet Bennett Rylah, "Airbnb's New Experiment to Reduce Racism," *The Hustle*, January 7, 2022, https://thehustle.co/01072022-airbnb-racial-bias/.
34. Jan Overgoor, "Experiments at Airbnb," *The Airbnb Tech Blog*, in *Medium*, May 27, 2014, https://medium.com/airbnb-engineering/experiments-at-airbnb-e2db3abf39e7.
35. "Airbnb Report on Travel and Living," *Airbnb*, May 2021, https://news.airbnb.com/wp-content/uploads/sites/4/2021/05/Airbnb-Report-on-Travel-Living.pdf.

04 AI 促进身心健康

1. March of Dimes, "Nowhere to Go: Maternity Care Deserts across the U.S. (2022 Report)," *March of Dimes*, October 2022, https://www.marchofdimes.org/maternity-care-deserts-report.
2. John Patrick Pullen, "Why Professional Athletes Love This Fitness Band," *Time*, April 18, 2017, https://time.com/4744459/whoop-strap-fitness-tracker-band/.
3. Wei Wang, Gordon Blackburn, Milind Y. Desai, Dermot Phelan, Lauren Gillinov, Penny L. Houghtaling, and Marc Gillinov, "Accuracy of Wrist-Worn Heart Rate Monitors," *JAMA Cardiology* 2, no. 1 (January 1, 2017): 104, https://doi.org/10.1001/jamacardio.2016.3340.
4. Summer R. Jasinski, Shon Rowan, David M Presby, Elizabeth Claydon, and Emily R Capodilupo, "Wearable-Derived Maternal Heart Rate Variability as a Novel Digital Biomarker of Preterm Birth," *MedRxiv* (*Cold Spring Harbor Laboratory*), November 5, 2022, https://doi.org/10.1101/2022.11.04.22281959.
5. WHOOP, "Understanding Pregnancy with Groundbreaking New Research &

Pregnancy Coaching," November 2, 2022, https://www.whoop.com/thelocker/understanding-every-stage-of-pregnancy-with-new-pregnancy-coaching/.

6. WHOOP, "Improving Heart Rate Accuracy: Your WHOOP is Getting Smarter!," October 10, 2017, https://www.whoop.com/the-locker/improving-heart-rate-accuracy-whoop-getting-smarter/.
7. Michael B. Phillips, Jason Beach, R. Michael Cathey, Jake Lockert, and William Satterfield. "Reliability and Validity of the Hexoskin Telemetry Shirt," *Journal of Sport and Human Performance* 5, no. 2 (September 2017), https://doi.org/10.12922/jshp.v5i2.8. 另见 Alyssa Nolte, "Adventure Technology Could Make Extreme Climbing (a Little) Easier," *Now*, November 12, 2019, https://now.northropgrumman.com/adventure-technology-could-make-extreme-climbing-a-little-easier/。
8. impacX, "Smart Water Packaging Solutions by Water.io," Water.io, July 15, 2021, https://impacx.io/water-io/.
9. Eric Wicklund, "mHealth in Space: Not Just Science Fiction Any More," *mHealthIntelligence*, December 23, 2015, https://mhealthintelligence.com/news/mhealth-in-space-not-just-science-fiction-any-more.
10. Grand View Research, *mHealth Market Size, Share & Trends Analysis Report by Component (Wearables, mHealth Apps), by Services (Monitoring Services, Diagnosis Services), by Participants, by Region, and Segment Forecasts, 2024–2030*, February 17, 2022, https://www.grandviewresearch.com/industry-analysis/mhealth-market.
11. Siddhartha Mukherjee, "A.I. versus M.D.: What Happens When Diagnosis Is Automated?," *New Yorker*, April 3, 2017, https://www.newyorker.com/magazine/2017/04/03/ai-versus-md.
12. Adam Satariano and Cade Metz,"How A.I. Is Being Used to Detect

Cancer That Doctors Miss," *New York Times*, March 5, 2023, https://www.nytimes.com/2023/03/05/technology/artificial-intelligence-breast-cancer-detection.html.

13. US Census Bureau, "Computer and Internet Use in the United States: 2018," Census.gov, April 21, 2021, https://www.census.gov/newsroom/press-releases/2021/computer-internet-use.html.
14. Pew Research Center, "Mobile Fact Sheet," April 7, 2023, https://www.pewresearch.org/internet/fact-sheet/mobile/#who-owns-cellphones-and-smartphone.
15. Laura Silver, "Smartphone Ownership Is Growing Rapidly Around the World, but Not Always Equally," Pew Research Center's Global Attitudes Project, February 5, 2019, https://www.pewresearch.org/global/2019/02/05/smartphone-ownership-is-growing-rapidly-around-the-world-but-not-always-equally/.
16. Brian Heater, "Apple Offers a Deeper Dive into Crash Detection," *TechCrunch*, October 10, 2022, https://techcrunch.com/2022/10/10/apple-offers-a-deeper-dive-into-crash-detection/.
17. Apple Support, "Take an ECG with the ECG App on Apple Watch," September 12, 2022, https://support.apple.com/en-us/HT208955.
18. EMR 是电子病历（Electronic Medical Record）的英文缩写，EHR 是电子健康档案（Electronic Health Record）的英文缩写。
19. Anindya Ghose, Xitong Guo, Beibei Li, and Yuanyuan Dang, "Empowering Patients Using Smart Mobile Health Platforms: Evidence of a Randomized Field Experiment," *MIS Quarterly* 46, no. 1 (February 15, 2022): 151–192, https://doi.org/10.25300/misq/2022/16201.
20. Ghose et al., "Empowering Patients."
21. Stanley P. Rowland, J. Mark FitzGerald, Tord Holme, Jade Powell,

and Alison H. McGregor, "What Is the Clinical Value of MHealth for Patients?," *npj Digital Medicine* 3, no. 4 (January 13, 2020), https://doi.org/10.1038/s41746-019-0206-x.

22. 比如，Cristian Pop-Eleches, Harsha Thirumurthy, James Habyarimana, Joshua Graff Zivin, Markus Goldstein, Damien De Walque, Leslie D. MacKeen, et al., "Mobile Phone Technologies Improve Adherence to Antiretroviral Treatment in a Resource-Limited Setting: A Randomized Controlled Trial of Text Message Reminders," *AIDS* 25, no. 6 (March 27, 2011): 825–834, https://doi.org/10.1097/qad.0b013e32834380c1。
23. Hang Yin, Daniel R. Neuspiel, Ian M. Paul, Wayne J. Franklin, Joel S. Tieder, Terry A. Adirim, Francisco J. Alvarez, et al., "Preventing Home Medication Administration Errors," *Pediatrics* 148, no. 6 (December 1, 2021), https://doi.org/10.1542/peds.2021-054666.
24. Yin et al., "Preventing Home Medication Administration Errors."
25. Jenn, "ER 8.5, Start All Over Again: Everyone's Having a Horrible Day (Well, Maybe Not Rachel)," *'90s Flashback*, March 9, 2021, https://90sflashback.wordpress.com/2021/03/09/er-8-5-start-all-over-again-everyones-having-a-horrible-day-well-maybe-not-rachel/.
26. La Princess C.Brewer, Sarah M. Jenkins, Sharonne N. Hayes, Ashok Kumbamu, Clarence F. Jones, Lora E. Burke, Lisa A. Cooper, and Christi A. Patten, "Community-Based, ClusterRandomized Pilot Trial of a Cardiovascular Mobile Health Intervention: Preliminary Findings of the FAITH! Trial," *Circulation* 146, no. 3 (July 19, 2022): 175–190, https://doi.org/10.1161/circulationaha.122.059046.
27. Stanley P. Rowland, J. Mark FitzGerald, Tord Holme, Jade Powell, and Alison H. McGregor, "What Is the Clinical Value of mHealth for Patients?," *npj Digital Medicine* 3, no. 4 (January 13, 2020), https://doi.

org/10.1038/s41746-019-0206-x.

28. World Health Organization (WHO), "COVID-19 Pandemic Triggers 25% Increase in Prevalence of Anxiety and Depression Worldwide," press release, March 2, 2022, https://www.who.int/news/item/02-03-2022-covid-19-pandemic-triggers-25-increase-in-prevalence-of-anxiety-and-depression-worldwide.
29. "Access to Care Data 2022: Access to Care Ranking 2022," *Mental Health America*, 2022, https://mhanational.org/issues/2022/mental-health-america-access-care-data.
30. Kashyap Kompella, "The Pros and Cons of Using AI-Based Mental Health Tools," *Information Today, Inc.*, September 27, 2022, https://newsbreaks.infotoday.com/NewsBreaks/The-Pros-and-Cons-of-Using-AIBased-Mental-Health-Tools-155090.asp.
31. Anindya Ghose, Xitong Guo, Beibei Li, and Yuanyuan Dang, "Empowering Patients Using Smart Mobile Health Platforms: Evidence of a Randomized Field Experiment," *MIS Quarterly* 46, no. 1 (February 15, 2022): 151–192, https://doi.org/10.25300/misq/2022/16201.
32. Thomas Kramer, Suri Spolter-Weisfeld, and Maneesh Thakkar, "The Effect of Cultural Orientation on Consumer Responses to Personalization," *Marketing Science* 26, no. 2 (March 1, 2007): 246–258, https://doi.org/10.1287/mksc.1060.0223.
33. Rhonda Hadi and Ana Valenzuela, "Good Vibrations: Consumer Responses to TechnologyMediated Haptic Feedback," *Journal of Consumer Research* 47, no. 2 (August 2020): 256–271, https://academic.oup.com/jcr/article-abstract/47/2/256/5559276.
34. Che-Wei Liu, Guodong Gao, and Ritu Agarwal, "Reciprocity or Self-Interest? Leveraging Digital Social Connections for Healthy Behavior,"

Management Information Systems Quarterly 46, no. 1 (January 20, 2022): 261–298, https://doi.org/10.25300/misq/2022/16177.

35. Alex Perry, "Google Finally Ends Support for the Original Google Glass," *Mashable*, December 7, 2019, https://mashable.com/article/google-glass-explorer-edition-final-update.
36. Saturday Night Live, "Weekend Update: Randall Meeks," September 25, 2013, https://www.youtube.com/watch?v=5Uz3cwHT0S0.
37. Comedy Central, "Glass Half Empty," *The Daily Show*, June 16, 2014, https://www.youtube.com/watch?v=ClvI9fZaz6M.
38. Google Glass Help, "Final Software Update for Glass Explorer Edition," n.d., https://support.google.com/glass/answer/9649198?hl=en&ref_topic=3063354.
39. Glass Early Access Program, "Discover Glass Enterprise Edition," n.d., https://www.google.com/glass/start/.
40. Glass Early Access Program, "Case Studies," n.d.,https://www.google.com/glass/case-studies/.
41. Erin Digitale, "Google Glass Helps Kids with Autism Read Facial Expressions," *Stanford Medicine News Center*, August 2, 2018, https://med.stanford.edu/news/all-news/2018/08/google-glass-helps-kids-with-autism-read-facial-expressions.html.
42. Stanford Medicine, "Behavioral Therapy Sessions for Your Home," The Autism Glass Project at Stanford Medicine!, n.d., https://autismglass.stanford.edu/.
43. Center for Devices and Radiological Health, "Artificial Intelligence and Machine Learning (AI/ML)-Enabled Medical Devices," *U.S. Food & Drug Administration*, October 5, 2022, https://www.fda.gov/medical-devices/software-medical-device-samd/artificial-intelligence-and-

machine-learning-aiml-enabled-medical-devices.

44. Elise Reuter, "5 Takeaways from the FDA's List of AI-Enabled Medical Devices," *MedTech Dive*, November 7, 2022, https://www.medtechdive.com/news/FDA-AI-ML-medical-devices-5-takeaways/635908/.
45. Varun Gulshan, Lily Peng, Marc Coram, Martin C. Stumpe, Derek Wu, Arunachalam Narayanaswamy, Subhashini Venugopalan, et al., "Development and Validation of a Deep Learning Algorithm for Detection of Diabetic Retinopathy in Retinal Fundus Photographs," *JAMA* 316, no. 22 (December 13, 2016): 2402, https://doi.org/10.1001/jama.2016.17216.
46. University of Minnesota Carlson School of Management, "Optum: Speaking the Language of Data Analytics," Executive Education, n.d., https://carlsonschool.umn.edu/executive-education/custom-programs/success-stories/optum.
47. National Health Care Anti-Fraud Association (NHCAA), "The Challenge of Health Care Fraud," n.d., https://www.nhcaa.org/tools-insights/about-health-care-fraud/the-challenge-of-health-care-fraud/.
48. Eri Sugiura and Leo Lewis, "AI Is Giving Insurers Godlike Powers, Says Sompo Chief," *Financial Times*, November 13, 2022, https://www.ft.com/content/a3372e1a-d43c-403e-97e5-449b50d51b87.
49. Ewen Callaway, "'It Will Change Everything': DeepMind's AI Makes Gigantic Leap in Solving Protein Structures," *Nature* 588, no. 7837 (November 30, 2020): 203–204, https://doi.org/10.1038/d41586-020-03348-4.
50. Ewen Callaway, "'The Entire Protein Universe': AI Predicts Shape of Nearly Every Known Protein," *Nature* 608, no. 7921 (July 28, 2022): 15–16, https://doi.org/10.1038/d41586-022-02083-2.
51. Jamie Smyth, "Biotech Begins Human Trials with Drug Discovered

Using AI," *Financial Times*, October 31, 2022, https://www.ft.com/content/0006ae3f-7064-4aa6-98cd-8912f544acc5.

52. Merck, "Merck and Moderna Announce Exercise of Option by Merck for Joint Development and Commercialization of Investigational Personalized Cancer Vaccine—Merck.Com," press release, October 12, 2022, https://www.merck.com/news/merck-and-moderna-announce-exercise-of-option-by-merck-for-joint-development-and-commercialization-of-investigational-personalized-cancer-vaccine/.

05 AI 提升教育水平

1. OpenAI, "About," September 2, 2020, https://openai.com/about/.
2. Mark Lieberman, "What Is ChatGPT and How Is It Used in Education?," *Education Week*, January 27, 2023, https://www.edweek.org/technology/what-is-chatgpt-and-how-is-it-used-in-education/2023/01.
3. Greg Brockman [@gdb], "ChatGPT just crossed 1 million users; it's been 5 days since launch," Twitter, December 5, 2022, 1:32 a.m., https://twitter.com/gdb/status/1599683104142430208
4. Jacob Stern, "Five Chats to Help You Understand ChatGPT," *The Atlantic*, December 16, 2022, https://www.theatlantic.com/technology/archive/2022/12/openai-chatgpt-chatbot-messages/672411/; Kevin Roose, "The Brilliance and Weirdness of ChatGPT," *New York Times*, December 6, 2022, https://www.nytimes.com/2022/12/05/technology/chatgpt-ai-twitter.html.
5. Kathy Hirsh-Pasek and Elias Blinkoff, "ChatGPT: Educational Friend or Foe?," *Brookings*, June 9, 2023, https://www.brookings.edu/blog/education-plus-development/2023/01/09/chatgpt-educational-friend-or-foe/.
6. Kevin Roose, "The Brilliance and Weirdness of ChatGPT," *New York*

Times, December 6, 2022, https://www.nytimes.com/2022/12/05/technology/chatgpt-ai-twitter.html.

7. Gary Marcus, "AI Platforms Like ChatGPT Are Easy to Use but Also Potentially Dangerous," *Scientific American*, December 19, 2022, https://www.scientificamerican.com/article/ai-platforms-like-chatgpt-are-easy-to-use-but-also-potentially-dangerous/.
8. Marcus, "AI Platforms Like ChatGPT Are Easy to Use."
9. Jacob Stern, "Five Chats to Help You Understand ChatGPT," *The Atlantic*, December 16, 2022, https://www.theatlantic.com/technology/archive/2022/12/openai-chatgpt-chatbot-messages/672411/.
10. Ian Bogost, "ChatGPT Is Dumber Than You Think," *The Atlantic*, December 16, 2022, https://www.theatlantic.com/technology/archive/2022/12/chatgpt-openai-artificial-intelligence-writing-ethics/672386/.
11. Ethan Mollick, "ChatGPT Is a Tipping Point for AI," *Harvard Business Review*, December 14, 2022, https://hbr.org/2022/12/chatgpt-is-a-tipping-point-for-ai.
12. Kevin Roose, "Don't Ban ChatGPT in Schools. Teach with It," *New York Times*, January 13, 2023, https://www.nytimes.com/2023/01/12/technology/chatgpt-schools-teachers.html.
13. Kathy Hirsh-Pasek and Elias Blinkoff, "ChatGPT: Educational Friend or Foe?," *Brookings*, June 9, 2023, https://www.brookings.edu/blog/education-plus-development/2023/01/09/chatgpt-educational-friend-or-foe/.
14. Ashish Vaswani, Noam Shazeer, Jakob Uszkoreit, Llion Jones, Aidan N. Gomez, Łukasz Kaiser, and Illia Polosukhin, "Attention Is All You Need," in *Advances in Neural Information Processing Systems 30 (NIPS 2017)*, ed. I. Guyon, U. Von Luxburg, S. Bengio, H. Wallach, R. Fergus,

S. Vishwanathan, and R. Garnett, https://papers.nips.cc/paper_files/paper/2017/hash/3f5ee243547dee91fbd053c1c4a845aa-Abstract.html.

15. OpenAI, "GPT-4," March 14, 2023, https://openai.com/research/gpt-4.
16. OpenAI, "GPT-4."
17. OpenAI, "GPT-4."
18. Jesus Rodriguez and K. Se, "Edge 256: The Architecture and Methods Powering ChatGPT," *TheSequence*, December 29, 2022, https://thesequence.substack.com/p/edge-256-the-architecture-and-methods.
19. Rodriguez and Se, "Edge 256."
20. Ian Bogost, "ChatGPT Is Dumber Than You Think," *The Atlantic*, December 16, 2022, https://www.theatlantic.com/technology/archive/2022/12/chatgpt-openai-artificial-intelligence-writing-ethics/672386/.
21. Peter Coy, "Opinion | ChatGPT Can't Do My Job Quite Yet," *New York Times*, December 16, 2022, https://www.nytimes.com/2022/12/16/opinion/chatgpt-artificial-intelligence-skill-job.html.
22. Ethan Mollick, "ChatGPT Is a Tipping Point for AI," *Harvard Business Review*, December 14, 2022, https://hbr.org/2022/12/chatgpt-is-a-tipping-point-for-ai.
23. Mollick, "ChatGPT Is a Tipping Point for AI."
24. Kathy Hirsh-Pasek and Elias Blinkoff, "ChatGPT: Educational Friend or Foe?," *Brookings*, June 9, 2023, https://www.brookings.edu/blog/education-plus-development/2023/01/09/chatgpt-educational-friend-or-foe/; Jason Wingard, "ChatGPT: A Threat to Higher Education?," *Forbes*, January 10, 2023, https://www.forbes.com/sites/jasonwingard/2023/01/10/chatgpt-a-threat-to-higher-education/; Phanish Puranam, "ChatGPT and the Future of Business Education," *INSEAD*

Knowledge, February 1, 2023, https://knowledge.insead.edu/leadership-organisations/chatgpt-and-future-business-education.

25. Unnati Narang, "The Impact of Generative Artificial Intelligence in Online Learning Platforms," Working Paper, 2023.
26. Katharina Buchholz, "This Is How Much the Global Literacy Rate Grew over 200 Years," *World Economic Forum*, September 12, 2022, https://www.weforum.org/agenda/2022/09/reading-writing-global-literacy-rate-changed/.
27. Buchholz, "This Is How Much the Global Literacy Rate Grew over 200 Years."
28. Buchholz, "This Is How Much the Global Literacy Rate Grew over 200 Years."
29. Buchholz, "This Is How Much the Global Literacy Rate Grew over 200 Years."
30. National Student Clearinghouse Research Center, "Persistence and Retention Fall 2020 Beginning Postsecondary Student Cohort," June 2022, https://nscresearchcenter.org/wp-content/uploads/PersistenceRetention2022.pdf.
31. National Student Clearinghouse Research Center, "Persistence and Retention Fall 2020 Beginning Postsecondary Student Cohort."
32. Lee Gardner, "How A.I. Is Infiltrating Every Corner of the Campus," *Chronicle of Higher Education*, April 8, 2018, https://www.chronicle.com/article/how-a-i-is-infiltrating-every-corner-of-the-campus/.
33. Gardner, "How A.I. Is Infiltrating Every Corner of the Campus."
34. Gardner, "How A.I. Is Infiltrating Every Corner of the Campus."
35. Georgia State University News Hub, "Classroom Chatbot Improves Student Performance, Study Says," press release, March 21, 2022, https://news.gsu.edu/2022/03/21/classroom-chatbot-improves-student-performance-study-says/.
36. Georgia State University News Hub, "Classroom Chatbot Improves

Student Performance, Study Says."

37. Ben Gose, "When the Teaching Assistant Is a Robot," *Chronicle of Higher Education*, October 23, 2016, https://www.chronicle.com/article/when-the-teaching-assistant-is-a-robot/.
38. Preston Fore, "Sal Khan Helped Usher in an Era of Online Learning through Khan Academy. Will Its AI tool, Khanmigo, Be a Model for the Future of Education?,"*Fortune*, October 4, 2023, https://fortune.com/education/articles/khan-academy-sal-khan-khanmigo-ai-future-of-education/.
39. Carnegie Mellon University Human-Computer Interaction Institute, "HCII Researchers Awarded $2M Grant to Test AI-Based Mobile Tutoring," *Carnegie Mellon University News & Events*, October 18, 2022, https://hcii.cmu.edu/news/hcii-researchers-awarded-2m-grant-test-ai-based-mobile-tutoring-software.
40. Holon IQ, "The 2021 Global Learning Landscape," July 17, 2020, https://www.holoniq.com/notes/the-2021-global-learning-landscape-an-open-source-taxonomy-to-map-the-future-of-education.
41. Jenny C. Aker, Christopher Ksoll, and Travis J. Lybbert, "Can Mobile Phones Improve Learning? Evidence from a Field Experiment in Niger," *American Economic Journal: Applied Economics* 4, no. 4 (October 1, 2012): 94–120, https://doi.org/10.1257/app.4.4.94.
42. Ben York and Susanna Loeb, "One Step at a Time: The Effects of an Early Literacy Text Messaging Program for Parents of Preschoolers," *National Bureau of Economic Research* Working Paper No. w20659, November 1, 2014, https://doi.org/10.3386/w20659.
43. Noam Angrist, Peter Bergman, Caton Brewster, and Moitshepi Matsheng, "Stemming Learning Loss during the Pandemic: A Rapid Randomized

Trial of a Low-Tech Intervention in Botswana," *Centre for the Study of African Economies* Working Paper WPS/2020-13, August 2020, https://www.povertyactionlab.org/sites/default/files/research-paper/working-paper_8778_Stemming-Learning-Loss-Pandemic_Botswana_Aug2020.pdf.

44. Zhe Deng, Aaron M. Cheng, Pedro Lopes Ferreira, and Paul A. Pavlou, "From Smart Phones to Smart Students: Distraction versus Learning with Mobile Devices in the Classroom," Social Science Research Network working paper, September 12, 2023, https://doi.org/10.2139/ssrn.4028845.
45. Shelly Culbertson, James Dimarogonas, Katherine Costello, and Serafina Lanna, "Crossing the Digital Divide: Applying Technology to the Global Refugee Crisis," *RAND Corporation*, December 17, 2019, https://www.rand.org/pubs/research_reports/RR4322.html.
46. John F. Pane, Beth Ann Griffin, Daniel F. McCaffrey, and Rita T. Karam, "Effectiveness of Cognitive Tutor Algebra I at Scale," *Educational Evaluation and Policy Analysis* 36, no. 2 (June 1, 2014): 127–144, https://doi.org/10.3102/0162373713507480.
47. Pane et al., "Effectiveness of Cognitive Tutor Algebra I at Scale."
48. Sander Tars, "AI-Driven Personalized Learning Paths: The National Project of Estonia," *MindTitan* (blog), October 21, 2021, https://mindtitan.com/resources/blog/ai-driven-personalized-learning/.
49. Eva Toome, "Estonia to Unleash AI for Personalisation of Education," *Education Estonia*, November 27, 2020, https://www.educationestonia.org/estonia-to-unleash-ai-for-personalisation-of-education/.
50. Toome, "Estonia to Unleash AI for Personalisation of Education."
51. Rachel Sylvester, "How Estonia Does It: Lessons from Europe's Best School System," *Times* Education Commission, January 26, 2022, https://www.thetimes.co.uk/article/times-education-commission-how-

estonia-does-it-lessons-from-europe-s-best-school-system-qm7xt7n9s; Organisation for Economic Co-operation and Development, "FAQ," *OECD Programme for International Student Assessment*, n.d., https://www.oecd.org/pisa/pisafaq/.

52. Anuj Kumar and Amit Mehra, "Improving Educational Delivery in K-12 Schools with Personalization Evidence from Randomized Field Experiment in India," Social Science Research Network working paper, April 10, 2024, https://doi.org/10.2139/ssrn.2756059.
53. Kumar and Mehra, "Improving Educational Delivery in K-12 Schools with Personalization."
54. University of Arizona, "Predicting and Enhancing Student Retention with Big Data," News, Eller College of Management, January 30, 2020, https://eller.arizona.edu/news/2017/02/predicting-enhancing-student-retention-big-data.
55. Marisa Garanhel, "5 Real-Life Use Cases of Artificial Intelligence in Education," AI Accelerator Institute, June 17, 2022, https://www.aiacceleratorinstitute.com/5-real-life-use-cases-of-artificial-intelligence-in-education.
56. Lee Gardner, "How A.I. Is Infiltrating Every Corner of the Campus," *Chronicle of Higher Education*, April 8, 2018, https://www.chronicle.com/article/how-a-i-is-infiltrating-every-corner-of-the-campus/.
57. Matthew Lynch, "26 Ways That Artificial Intelligence (AI) Is Transforming Education for the Better," *The Edvocate*, April 29, 2019, https://www.theedadvocate.org/26-ways-that-artificial-intelligence-ai-is-transforming-education-for-the-better/.
58. Timothy Burke, "Academia: Cheating, Writing and Learning (AI Edition)," *Eight by Seven*, September 30, 2021, https://timothyburke.

substack.com/p/academia-cheating-writing-and-learning.

59. Burke, "Academia."

60. David Brooks, "Opinion | In the Age of A.I., Major in Being Human," *New York Times*, February 4, 2023, https://www.nytimes.com/2023/02/02/opinion/ai-human-education.html.

06 AI 辅助职业发展

1. Ketki V. Deshpande, Shimei Pan, and James R. Foulds, "Mitigating Demographic Bias in AI-Based Resume Filtering," in *Adjunct Publication of the 28th ACM Conference on User Modeling, Adaptation and Personalization* (UMAP '20 Adjunct) (New York: Association for Computing Machinery, 2020), 268–275, https://doi.org/10.1145/3386392.3399569.

2. Liz Ryan, "No, You're Not Crazy—The Hiring Process Is Broken," *Forbes*, April 12, 2018, https://www.forbes.com/sites/lizryan/2018/04/12/no-youre-not-crazy-the-hiring-process-is-broken/.

3. Karsten Strauss, "The Role of Artificial Intelligence in the Future of Job Search," *Forbes*, February 2, 2018, https://www.forbes.com/sites/karstenstrauss/2018/02/02/the-role-of-artificial-intelligence-in-the-future-of-job-search/.

4. SHRM, "Interactive Chart: How Historic Has the Great Resignation Been?," Society for Human Resource Management, April 20, 2022, https://www.shrm.org/resourcesandtools/hr-topics/talent-acquisition/pages/interactive-quits-level-by-year.aspx.

5. Erik Brynjolfsson, Danielle Li, and Lindsey Raymond, "Generative AI at Work," National Bureau of Economic Research Working Paper No. w31161, April 1, 2023, https://doi.org/10.3386/w31161.

6. Gergo Vari, "How to Use AI-Based Tools to Find Your Next Job," *Fast*

Company, February 7, 2022, https://www.fastcompany.com/90719364/how-to-use-ai-based-tools-to-find-your-next-job.

7. Strauss, "The Role of Artificial Intelligence in the Future of Job Search."
8. Jose Maria Barrero, Nicholas Bloom, and Steven J. Davis, "Why Working from Home Will Stick," National Bureau of Economic Research Working Paper No. w28731, April 1, 2021, https://doi.org/10.3386/w28731.
9. Alana Rudder, "The Future of Work Is Now: AI Helps Job Hunters Find, Land, & Keep Dream Jobs," *Medium*, July 5, 2018, https://towardsdatascience.com/the-future-of-work-is-now-ai-helps-job-hunters-find-land-keep-dream-jobs-b58a3a247c34.
10. Bernard Marr, "The Amazing Ways How Unilever Uses Artificial Intelligence to Recruit & Train Thousands of Employees," *Bernard Marr* (blog), July 13, 2021, https://bernardmarr.com/the-amazing-ways-how-unilever-uses-artificial-intelligence-to-recruit-train-thousands-of-employees/.
11. Bernard Marr, "Job Search in the Age of Artificial Intelligence—5 Practical Tips," *Bernard Marr* (blog), July 13, 2021, https://bernardmarr.com/job-search-in-the-age-of-artificial-intelligence-5-practical-tips/.
12. Maxime Legardez Coquin, "Hiring Is Broken—Here's How We Can Fix It," *Forbes*, June 22, 2022, https://www.forbes.com/sites/forbeshumanresourcescouncil/2022/06/22/hiring-is-broken-heres-how-we-can-fix-it/.
13. Ishita Chakraborty, Khai Chiong, Howard Dover, and K. Sudhir, "AI and AI-Human Based Salesforce Hiring Using Interview Videos," Social Science Research Network working paper, April 7, 2023, https://doi.org/10.2139/ssrn.4137872.
14. Chakraborty et al., "AI and AI-Human Based Salesforce Hiring."
15. Chakraborty et al., "AI and AI-Human Based Salesforce Hiring."

16. Joseph Fuller, "Skills-Based Hiring Is on the Rise," *Harvard Business Review*, December 2, 2022, https://hbr.org/2022/02/skills-based-hiring-is-on-the-rise.
17. Nik Dawson, Mary-Anne Williams, and Marian-Andrei Rizoiu, "Skill-Driven Recommendations for Job Transition Pathways," *PLOS ONE* 16, no. 8 (August 4, 2021): e0254722, https://doi.org/10.1371/journal.pone.0254722.
18. Sonia K. Kang, Katherine A. DeCelles, András Tilcsik, and Sora Jun, "Whitened Résumés," *Administrative Science Quarterly* 61, no. 3 (July 8, 2016): 469–502, https://doi.org/10.1177/0001839216639577.
19. Marianne Bertrand and Sendhil Mullainathan, "Are Emily and Greg More Employable Than Lakisha and Jamal? A Field Experiment on Labor Market Discrimination," *American Economic Review* 94, no. 4 (August 1, 2004): 991–1013, https://doi.org/10.1257/0002828042002561.
20. Corinne A. Moss-Racusin, John F. Dovidio, Victoria L. Brescoll, Mark Graham, and Jo Handelsman, "Science Faculty's Subtle Gender Biases Favor Male Students," *Proceedings of the National Academy of Sciences* 109, no. 41 (September 17, 2012): 16474–16479, https://doi.org/10.1073/pnas.1211286109. 另见 Anja Lambrecht and Catherine Tucker, "Algorithmic Bias? An Empirical Study of Apparent Gender-Based Discrimination in the Display of STEM Career Ads," *Management Science* 65, no. 7 (July 1, 2019): 2966–2981, https://doi.org/10.1287/mnsc.2018.3093。
21. David Neumark, Ian Burn, and Patrick Button, "Age Discrimination and Hiring of Older Workers," *Federal Reserve Bank of San Francisco* 2017–06 (February 27, 2017), https://www.frbsf.org/economic-research/publications/economic-letter/2017/february/age-discrimination-and-hiring-older-workers/.

22. Devah Pager and Lincoln Quillian, "Walking the Talk? What Employers Say versus What They Do," *American Sociological Review* 70, no. 3 (June 2005): 355–380, https://www.jstor.org/stable/4145386.
23. Frida Polli, "Using AI to Eliminate Bias from Hiring," *Harvard Business Review*, January 18, 2023, https://hbr.org/2019/10/using-ai-to-eliminate-bias-from-hiring.
24. Danielle Li, Lindsey R. Raymond, and Peter Bergman, "Hiring as Exploration," National Bureau of Economic Research Working Paper No. w27736, August 1, 2020, https://doi.org/10.3386/w27736.
25. Edward W. Felten, Manav Raj, and Robert Seamans, "A Method to Link Advances in Artificial Intelligence to Occupational Abilities," *AEA Papers and Proceedings* 108 (2018): 54–57.
26. Shakked Noy and Whitney Zhang, "Experimental Evidence on the Productivity Effects of Generative Artificial Intelligence," Social Science Research Network working paper, March 1, 2023, https://ssrn.com/abstract=4375283.
27. Erdem Dogukan Yilmaz, Ivana Naumovska, and Vikas A. Aggarwal, "AI-Driven Labor Substitution: Evidence from Google Translate and ChatGPT," INSEAD Working Paper No. 2023/24/EFE, March 26, 2023, https://ssrn.com/abstract=4400516.
28. Hongxian Huang, Runshan Fu, and Anindya Ghose, "The Economic Impact of Adopting Generative AI: A Multi-Platform Analysis," Social Science Research Network working paper, December 20, 2023, https://papers.ssrn.com/sol3/papers.cfm?abstract_id=4670714.
29. Kartik Hosanagar, "Using ChatGPT for Market Research?," LinkedIn blog post, September 15, 2023, https://www.linkedin.com/pulse/using-chatgpt-market-research-kartik-hosanagar/.

30. John Scott Lewinski, "HAL's Pals: Top 10 Evil Computers," *WIRED*, January 9, 2009, https://www.wired.com/2009/01/top-10-evil-com/.

31. AI Now Institute, "About Us," June 7, 2023, https://ainowinstitute.org/about. AI Now Institute 专注于研究人工智能对社会所产生的影响。

32. Drew Harwell, "A Face-Scanning Algorithm Increasingly Decides Whether You Deserve the Job," *Washington Post*, November 6, 2019, https://www.washingtonpost.com/technology/2019/10/22/ai-hiring-face-scanning-algorithm-increasingly-decides-whether-you-deserve-job/; Drew Harwell, "Rights Group Files Federal Complaint against AI-Hiring Firm HireVue, Citing 'Unfair and Deceptive' Practices," *Washington Post*, November 6, 2019, https://www.washingtonpost.com/technology/2019/11/06/prominent-rights-group-files-federal-complaint-against-ai-hiring-firm-hirevue-citing-unfair-deceptive-practices/.

33. Chamorro-Premuzic, Tomas, and Reece Akhtar, "Should Companies Use AI to Assess Job Candidates?," *Harvard Business Review*, May 17, 2019, https://hbr.org/2019/05/should-companies-use-ai-to-assess-job-candidates.

34. Julia Angwin, Jeff Larson, Surya Mattu, and Lauren Kirchner, "Machine Bias," *ProPublica*, May 23, 2016, https://www.propublica.org/article/machine-bias-risk-assessments-in-criminal-sentencing.

35. Dastin, "Amazon Scraps Secret AI Recruiting Tool."

36. Polli, "Using AI to Eliminate Bias from Hiring."

37. Chamorro-Premuzic and Akhtar, "Should Companies Use AI to Assess Job Candidates?"

38. Harwell, Face-Scanning Algorithm.

39. Polli, "Using AI to Eliminate Bias from Hiring"; Matt Gonzales, "AI-Based Bias a Hot Topic of Discussion during EEOC-Led Meeting,"

SHRM, October 7, 2022, https://www.shrm.org/resourcesandtools/hr-topics/behavioral-competencies/global-and-cultural-effectiveness/pages/ai-based-bias-a-hot-topic-of-discussion-during-eeoc-led-meeting.aspx.

40. Bo Cowgill, "Bias and Productivity in Humans and Algorithms: Theory and Evidence from Résumé Screening," 2018, https://www.semanticscholar.org/paper/Bias-and-Productivity-in-Humans-and-Algorithms%3A-and-Cowgill/11a065f86b549892a01388bb579cdc2bf4165dca.
41. Jennifer Kirkwood, "New AI HR/Talent Laws Get the Attention of the C-Suite," *IBM Blog*, April 4, 2023, https://www.ibm.com/blog/new-ai-hr-talent-laws-get-the-attention-of-the-c-suite/.
42. Noah Smith, "A Job Is More Than a Paycheck," *Bloomberg.com*, December 2, 2016, https://www.bloomberg.com/opinion/articles/2016-12-02/a-job-is-more-than-a-paycheck.
43. Jeffrey Pfeffer, *Dying for a Paycheck: How Modern Management Harms Employee Health and Company Performance—and What We Can Do About It* (New York: HarperCollins, 2018), https://www.harpercollins.com/products/dying-for-a-paycheck-jeffrey-pfeffer.
44. Tom Rath, "I've Spent 2 Decades Studying How Work Affects Our Health and Well-Being, and One Solution Is Clear: Your Job Has to Serve a Purpose beyond a Paycheck," *Business Insider*, February 4, 2020, https://www.businessinsider.com/work-should-have-purpose-beyond-paycheck-health-well-being.

07 AI 打造智能家居

1. Saturday Night Live, "Amazon Echo—SNL," May 14, 2017, https://www.youtube.com/watch?v=YvT_gqs5ETk.
2. Wikipedia contributors, "The Jetsons," *Wikipedia*, May 17, 2023, https://

en.wikipedia.org/wiki/The_Jetsons.

3. Google, "Nest Learning Thermostat," n.d., https://store.google.com/product/nest_learning_thermostat_3rd_gen.
4. Eight Sleep, "Pod Intelligent Cooling & Heating Mattress," n.d., https://www.eightsleep.com/pod-mattress/.
5. Google, "Nest Learning Thermostat."
6. Larry Dignan, "How Best Buy Plans to Expand into Home Healthcare Services, Remote Monitoring to Help Seniors Age in Place," *ZDNET*, September 30, 2019, https://wwwzdnet.com/article/how-best-buy-plans-to-expand-into-home-healthcare-services-remote.-monitoring-to-help-seniors-age-in-place/.
7. Anindya Ghose, *Tap: Unlocking the Mobile Economy* (Cambridge, MA: MIT Press), 39.
8. Sarah Banks, "A Historical Analysis of Attitudes Toward the Use of Calculators in Junior High and High School Math Classrooms in the United States Since 1975," Master of Education Research Thesis, Cedarville University School of Education, 2011, https://digitalcommons.cedarville.edu/education_theses/31/.
9. Jennifer Breheny Wallace, "Instagram Is Even Worse than We Thought for Kids. What Do We Do about It?," *Washington Post*, September 21, 2021. https://www.washingtonpost.com/lifestyle/2021/09/17/instagram-teens-parent-advice/.
10. Amelia Hill, "Voice Assistants Could 'Hinder Children's Social and Cognitive Development,'" *Guardian*, September 28, 2022, https://www.theguardian.com/technology/2022/sep/28/voice-assistants-could-hinder-childrens-social-and-cognitive-development.
11. Samantha Murphy Kelly, "Growing Up with Alexa: A Child's

Relationship with Amazon's Voice Assistant," *CNN*, October 16, 2018, https://www.cnn.com/2018/10/16/tech/alexa-child-development/index.html.

12. Sarah McQuate, "Do Alexa and Siri Make Kids Bossier? New Research Suggests You Might Not Need to Worry," *UW News*, September 13, 2021, https://www.washington.edu/news/2021/09/13/alexa-siri-make-kids-bossier-research-suggests-you-might-not-need-to-worry/.
13. Erin Beneteau, Ashley Boone, Yuxing Wu, Julie A. Kientz, Jason C. Yip, and Alexis Hiniker, "Parenting with Alexa: Exploring the Introduction of Smart Speakers on Family Dynamics," *CHI '20*: *Proceedings of the 2020 CHI Conference on Human Factors in Computing Systems* (April 2020): 1–13, https://doi.org/10.1145/3313831.3376344.
14. Alexis Hiniker, Amelia Wang, Jonathan A. Tran, Mingrui Zhang, Jenny Radesky, Kiley Sobel, and Sung-Soo Hong, "Can Conversational Agents Change the Way Children Talk to People?," *IDC'21: Interaction Design And Children* (June 24, 2021): 338–349, https://doi.org/10.1145/3459990.3460695.
15. McQuate, "Do Alexa and Siri Make Kids Bossier?"

08 AI 构建卓越组织

1. Bill Gates [@billgates], Twitter post, March 21, 2023, 11:09 a.m., https://twitter.com/BillGates/status/1638226408412708864.
2. Ron Kohavi and Stefan Thomke, "The Surprising Power of Online Experiments," *Harvard Business Review*, September 16, 2017, https://hbr.org/2017/09/the-surprising-power-of-online-experiments.
3. Varun Gulshan, Lily Peng, Marc Coram, Martin C. Stumpe, Derek Wu, Arunachalam Narayanaswamy, Subhashini Venugopalan, et al., "Development and Validation of a Deep Learning Algorithm for Detection

of Diabetic Retinopathy in Retinal Fundus Photographs," *JAMA* 316, no. 22 (December 13, 2016): 2402, https://doi.org/10.1001/jama.2016.17216.

4. Patrick M. Heck, Christopher F. Chabris, Duncan J. Watts, and Michelle L. Meyer, "Objecting to Experiments Even While Approving of the Policies or Treatments They Compare," *Proceedings of the National Academy of Sciences of the United States of America* 117, no. 32 (July 27, 2020): 18948–18950, https://doi.org/10.1073/pnas.2009030117.
5. "ImageNet," Stanford Vision Lab, Stanford University, Princeton University, n.d., https://image-net.org/; Dave Gershgorn, "The Data That Transformed AI Research—and Possibly the World," *Quartz*, July 20, 2022, https://qz.com/1034972/the-data-that-changed-the-direction-of-ai-research-and-possibly-the-world/.
6. Alex Krizhevsky, Ilya Sutskever, and Geoffrey E. Hinton, "ImageNet Classification with Deep Convolutional Neural Networks," in *Advances in Neural Information Processing Systems 25 (NIPS 2012)*, ed. F. Pereira, C. J. Burges, L. Bottou, and K. Q. Weinberger, NeurIPS Proceedings, 2012, https://papers.nips.cc/paper_files/paper/2012/hash/c399862d3b9d6b76c8436e924a68c45b-Abstract.html.
7. Kate Crawford and Trevor Paglen, "Excavating AI: The Politics of Images in Machine Learning Training Sets," n.d., https://www.excavating.ai/.
8. Julia Angwin, Jeff Larson, Surya Mattu, and Lauren Kirchner, "Machine Bias," *ProPublica*, May 23, 2016, https://www.propublica.org/article/machine-bias-risk-assessments-in-criminal-sentencing.
9. Craig S. Smith, "Dealing with Bias in Artificial Intelligence," *New York Times*, January 3, 2020, https://www.nytimes.com/2019/11/19/technology/artificial-intelligence-bias.html.

结语　让 AI 为你所用

1. Mayo Clinic Equity, Inclusion and Diversity, August 11, 2023, Fireside chat discussing #AI, #Platform, #MachineLearning with @jhalamka @ravibapna, and Sonya Makhni, M.D., M.S. Exploring the impact of AI, using AI algorithm insights, and monitoring for bias, at https://x.com/MayoEquity/status/1690008344063279104?s=20.
2. 参见 https://business.purdue.edu/events/data4good/home.php for details。
3. Marc Andreessen [@pmarca], "Why AI Will Save the World," Twitter, February 8, 2022, 11:11 p.m., https://twitter.com/pmarca/status/1666112323713662977?s=46.
4. Aryamala Prasad, "Unintended Consequences of GDPR: A Two-Year Lookback," Regulatory Studies Center, Trachtenberg School of Public Policy & Public Administration, Columbian College of Arts & Sciences, George Washington University, September 3, 2020, https://regulatorystudies.columbian.gwu.edu/unintended-consequences-gdpr.
5. Prasad, "Unintended Consequences of GDPR."
6. David Brooks, "Opinion: In the Age of A.I., Major in Being Human," *New York Times*, February 4, 2023, https://www.nytimes.com/2023/02/02/opinion/ai-human-education.html.

致谢

1. S. K. Kulkarni, "Obituary: Late Professor Jawahar Singh Bapna (1942–2021)," *Indian Journal of Pharmacology* 53, no. 5 (2021): 423, https://www.ijp-online.com/text.asp?2021/53/5/423/331091.